JN302667

高炉スラグ細骨材を使用するコンクリートの調合設計・施工指針・同解説

Recommendation

for

Practice of Concrete with Blast Furnace Slag Fine Aggregate

1983 制定
2013 改定

日本建築学会

ご案内

本書の著作権・出版権は日本建築学会にあります．本書より著書・論文等への引用・転載にあたっては必ず本会の許諾を得てください．

Ⓡ〈学術著作権協会委託出版物〉

本書の無断複写は，著作権法上での例外を除き禁じられています．本書を複写される場合は，学術著作権協会（03-3475-5618）の許諾を受けてください．

一般社団法人　日本建築学会

序

わが国はこれまで良質な河川産骨材に恵まれていたが，戦後の高度経済成長期の急激な骨材需要の増大に対応できず，また，各種の河川環境の保全の観点からも採取が抑制されるようになり，1960年代の半ばからその採取量は減少した．それに代わって砕石や河川産以外の天然骨材の使用量が増大し，1970年代の半ばになると金属精錬の過程で排出される各種スラグのコンクリート用骨材への利用が検討されるようになり，その一つとして高炉スラグ細骨材がJIS化され，本会および土木学会からそれを骨材として用いたコンクリートの施工指針が刊行されている．

本会からの指針「高炉スラグ細骨材を用いるコンクリート施工指針・同解説」は1983年に刊行されているが，高強度コンクリートへの適用は除外されており，「建築工事標準仕様書・同解説 JASS5 鉄筋コンクリート工事」においても同様の取扱いがなされ現在に至っている．一方，高炉スラグ細骨材はJIS A 5308の附属書1（レディーミクストコンクリート用骨材）に1985年に取り入れられたが，適用できるコンクリートの強度レベルについては2003年にレディーミクストコンクリートの種類に高強度コンクリートが設けられたときも特段の規制は設けられておらず，本会指針との離齬が指摘されていた．

本会では，2009年度から3年間実施された鐵鋼スラグ協会からの委託研究の成果に基づき，2012年度に材料施工委員会の傘下に「高炉スラグ細骨材指針改定小委員会」を設置し，指針の改定作業を実施してきた．本指針は同小委員会が行った研究の成果を取りまとめたもので，高炉スラグ細骨材の高強度コンクリートへの適用を拡大するとともに，一般の強度のコンクリートについても新たな視点より検討を加えて規定や資料を整備し，名称も「高炉スラグ細骨材を使用するコンクリートの調合設計・施工指針・同解説」と一部変更している．

天然砂の枯渇や品質低下が指摘される中，高炉スラグ細骨材を貴重な資源として位置づけてその適正利用を図ることは，鉄筋コンクリート造建築物の品質確保のために重要である．本指針が，設計，施工，コンクリート製造および監理に携わる工事関係者に有効に活用されることを期待している．

2013年2月

日本建築学会

指針作成関係委員 (2013年2月)

―五十音順・敬称略―

材料施工委員会本委員会

委員長	本橋 健司			
幹事	輿石 直幸	桜本 文敏	早川 光敬	
委員	(略)			

鉄筋コンクリート工事運営委員会

主査	阿部 道彦			
幹事	桜本 文敏	野口 貴文	早川 光敬	
委員	一瀬 賢一	今本 啓一	岩清水 隆	大久保 孝昭
	太田 俊也	小野里 憲一	鹿毛 忠継	兼松 学
	川西 泰一郎	川村 満	北川 高史	橘高 義典
	黒岩 秀介	古賀 一八	小山 智幸	白井 篤
	城 国省二	棚野 博之	檀 康弘	土屋 邦男
	道正 泰弘	中込 昭	中田 善久	永山 勝
	成川 史春	名和 豊春	西脇 智哉	橋田 浩
	畑中 重光	濱 幸雄	桝田 佳寛	真野 孝次
	三井 健郎	緑川 雅之	湯浅 昇	渡辺 一弘

高炉スラグ細骨材指針改定小委員会

主査	阿部 道彦			
幹事	真野 孝次			
委員	浅野 研一	一瀬 賢一	今本 啓一	奥村 博昭
	鹿毛 忠継	加村 久哉	千歩 修	檀 康弘
	桝田 佳寛			
協力委員	紙田 晋	佐野 雅二	石 東昇	高林 佳孝
	竹田 重三	二村 誠二	山中 量一	

解説執筆委員

全体調整
　　阿部道彦　真野孝次　桝田佳寛　鹿毛忠継
　　浅野研一　奥村博昭　紙田　晋

1章　総　則
　　阿部道彦　真野孝次　山中量一

2章　コンクリートの種類および区分
　　今本啓一　桝田佳寛　真野孝次

3章　コンクリートの品質
　　今本啓一　鹿毛忠継　千歩　修

4章　コンクリートの材料
　　竹田重三　檀　康弘　真野孝次

5章　調　合
　　浅野研一　阿部道彦　鹿毛忠継　桝田佳寛

6章　コンクリートの発注・製造および受入れ
　　一瀬賢一　佐野雅二　桝田佳寛　真野孝次

7章　運搬・打込み・締固めおよび養生
　　一瀬賢一

8章　品質管理・検査
　　佐野雅二　桝田佳寛　真野孝次

9章　高強度コンクリート
　　加村久哉　石　東昇　桝田佳寛　真野孝次

付　録
　付録Ⅰ　日本工業規格（案）　コンクリート用スラグ骨材―第1部：高炉スラグ骨材
　付録Ⅱ　高炉スラグ細骨材に関する技術資料
　1．高炉スラグの生成と利用　2．高炉スラグ細骨材の製造と利用
　　　紙田　晋　高林佳孝　山中量一
　3．高炉スラグ細骨材の品質
　　　奥村博昭　紙田　晋　加村久哉
　4．高炉スラグ細骨材を使用したコンクリートの性質
　　　鹿毛忠継　石　東昇　真野孝次
　5．高炉スラグ細骨材を使用したコンクリートの実機実験結果の事例
　　　佐野雅二　鹿毛忠継　竹田重三
　6．高炉スラグ細骨材を使用したコンクリートの建築用途以外での適用例
　　　紙田　晋　高林佳孝　竹田重三　山中量一

高炉スラグ細骨材を使用するコンクリートの調合設計・施工指針・同解説

目　次

本文　解説
ページ　ページ

1章　総　則
 1.1　適用範囲……………………………………………………………………… 1…… 15
 1.2　用　語………………………………………………………………………… 1…… 16

2章　コンクリートの種類および区分
 2.1　コンクリートの使用骨材による種類………………………………………… 2…… 18
 2.2　コンクリートの使用材料，施工方法および要求性能による種類………… 2…… 18
 2.3　高炉スラグ細骨材の使用方法による区分…………………………………… 3…… 23

3章　コンクリートの品質
 3.1　総　則………………………………………………………………………… 3…… 25
 3.2　設計基準強度，耐久設計基準強度，品質基準強度および圧縮強度……… 3…… 25
 3.3　ワーカビリティー，スランプおよび空気量………………………………… 3…… 26
 3.4　気乾単位容積質量……………………………………………………………… 3…… 28
 3.5　ヤング係数…………………………………………………………………… 4…… 29
 3.6　乾燥収縮率…………………………………………………………………… 4…… 30
 3.7　コンクリートの許容応力度…………………………………………………… 5…… 31
 3.8　耐久性を確保するための規定………………………………………………… 5…… 32
 3.9　激しい凍結融解作用を受ける部位に適用する場合の配慮………………… 5…… 32
 3.10　特に高い水密性が要求される部位に適用する場合の配慮……………… 5…… 36

4章　コンクリートの材料
 4.1　セメント……………………………………………………………………… 5…… 38
 4.2　細　骨　材…………………………………………………………………… 5…… 38
 4.3　粗　骨　材…………………………………………………………………… 6…… 41
 4.4　練混ぜ水……………………………………………………………………… 6…… 42
 4.5　混和材料……………………………………………………………………… 6…… 43

5章　調　合
 5.1　総　則………………………………………………………………………… 6…… 43
 5.2　調合管理強度および調合強度………………………………………………… 6…… 44
 5.3　練上がりスランプ…………………………………………………………… 7…… 45

5.4	練上がり空気量	7	46
5.5	水セメント比	7	46
5.6	単位水量	8	47
5.7	単位セメント量	8	49
5.8	単位粗骨材量	8	50
5.9	混和材料の使用量	8	51
5.10	計画調合の表し方	9	52

6章 コンクリートの発注・製造および受入れ

6.1	総則	9	53
6.2	レディーミクストコンクリート工場の選定	9	53
6.3	レディーミクストコンクリートの発注	10	55
6.4	レディーミクストコンクリートの製造	10	56
6.5	レディーミクストコンクリートの受入れ	11	59
6.6	工事現場練りコンクリートの製造	11	60

7章 運搬・打込み・締固めおよび養生

7.1	総則	11	62
7.2	運搬	12	62
7.3	打込みおよび締固め	12	63
7.4	養生	12	64

8章 品質管理・検査

8.1	総則	12	66
8.2	細骨材の品質管理	13	66
8.3	コンクリート製造時の品質管理	13	68
8.4	使用するコンクリートの品質管理	13	69
8.5	構造体コンクリート強度の検査	13	69

9章 高強度コンクリート

9.1	総則	13	70
9.2	コンクリートの品質	14	70
9.3	コンクリートの材料	14	72
9.4	調合	14	73
9.5	コンクリートの製造	14	78
9.6	施工	14	79

9.7　品質管理・検査……………………………………………………………14……79

付　　録

　付録Ⅰ　日本工業規格（案）　コンクリート用スラグ骨材
　　　　　―第1部：高炉スラグ骨材　JIS A 5011-1：2013（抜粋） ……………………83
　付録Ⅱ　高炉スラグ細骨材に関する技術資料
　　1.　高炉スラグの生成と利用………………………………………………………… 95
　　2.　高炉スラグ細骨材の製造と利用 ………………………………………………… 98
　　3.　高炉スラグ細骨材の品質…………………………………………………………106
　　4.　高炉スラグ細骨材を使用するコンクリートの性質……………………………117
　　5.　高炉スラグ細骨材を使用した高強度コンクリートの実験結果の紹介………134
　　6.　高炉スラグ細骨材を使用したコンクリートの適用事例………………………150

［注］本指針の刊行時に掲載したJIS A 5011-1の内容は，公示前の案より抜粋したものである．

高炉スラグ細骨材を使用するコンクリートの調合設計・施工指針

高炉スラグ細骨材を使用するコンクリートの調合設計・施工指針

1章 総　　則

1.1 適用範囲
a．本指針は，細骨材として高炉スラグ細骨材を単独または他の細骨材と混合して使用するコンクリートの調合設計，製造，施工および品質管理に適用する．

b．本指針に示されていない事項については，本会「建築工事標準仕様書 JASS 5 鉄筋コンクリート工事」（以下，JASS 5 という）および関連指針の規定に準拠する．

1.2 用　　語
本指針に用いる用語は次によるほか，JIS A 0203（コンクリート用語）および JASS 5 の 1 節による．

高炉スラグ細骨材	：高炉で銑鉄と同時に生成する溶融スラグを水，空気などによって急冷し，粒度調整した細骨材（略称 BFS）．
高炉スラグ細骨材混合率	：全細骨材に対する高炉スラグ細骨材の絶対容積の比で，百分率で表す（略称 BFS 混合率）．
混合砂	：高炉スラグ細骨材と他の細骨材とをあらかじめ混合して製造した細骨材．混合前のおのおのの細骨材の品質および混合後の品質ならびに高炉スラグ細骨材混合率が明確になっていなければならない．

2章　コンクリートの種類および区分

2.1　コンクリートの使用骨材による種類

高炉スラグ細骨材を使用するコンクリートの使用する骨材による種類は，表2.1による．

表2.1　高炉スラグ細骨材を使用するコンクリートの使用骨材による種類

コンクリートの種類	使用する骨材	
	粗骨材	細骨材
普通コンクリート	砂利，砕石，高炉スラグ粗骨材，電気炉酸化スラグ粗骨材，再生粗骨材Hまたはこれらを混合したもの	高炉スラグ細骨材および高炉スラグ細骨材を砂，砕砂，他のスラグ細骨材または再生細骨材Hと混合したもの
軽量コンクリート1種	人工軽量粗骨材	高炉スラグ細骨材および高炉スラグ細骨材を砂，砕砂，他のスラグ細骨材または再生細骨材Hと混合したもの

2.2　コンクリートの使用材料，施工方法および要求性能による種類

a．高炉スラグ細骨材を使用するコンクリートおよびコンクリート工事の使用材料，施工方法および要求性能による種類は，下記(1)～(15)による．

(1)　寒中コンクリート工事
(2)　暑中コンクリート工事
(3)　軽量コンクリート*
(4)　流動化コンクリート
(5)　高流動コンクリート
(6)　高強度コンクリート
(7)　鋼管充填コンクリート
(8)　プレキャスト複合コンクリート
(9)　マスコンクリート
(10)　水密コンクリート
(11)　水中コンクリート
(12)　海水の作用を受けるコンクリート
(13)　凍結融解作用を受けるコンクリート
(14)　住宅基礎用コンクリート
(15)　無筋コンクリート
　　　［注］＊軽量コンクリート1種に限る．

b．a項に示す種類のコンクリートまたはコンクリート工事のうち，高強度コンクリートへの適

用については9章による．
　c．a項に示す種類のコンクリートまたはコンクリート工事のうち，高強度コンクリート以外への適用にあたっては，本指針の規定によるほか，JASS 5または本会の関連指針の規定による．

2.3　高炉スラグ細骨材の使用方法による区分
　a．高炉スラグ細骨材の使用方法は，使用目的やコンクリートの性能に及ぼす影響などを考慮して定める．
　b．高炉スラグ細骨材の使用方法による区分は，下記（1）または（2）による．
（1）　混合使用：高炉スラグ細骨材を他の細骨材と混合して使用する方法
　ⅰ）コンクリート製造時に高炉スラグ細骨材および他の細骨材を別々に計量して使用する方法
　ⅱ）混合砂を使用する方法
（2）　単独使用：高炉スラグ細骨材を単独で細骨材として使用する方法

3章　コンクリートの品質

3.1　総　　則
　a．使用するコンクリートは，4章に定める材料および5章に定める調合の規定を満足し，所要のワーカビリティー，強度，ヤング係数，乾燥収縮率および耐久性を有するものとする．
　b．構造体コンクリートは，所定の強度，ヤング係数，乾燥収縮率，気乾単位容積質量，耐久性および耐火性を有し，有害な打込み欠陥部のないものとする．

3.2　設計基準強度，耐久設計基準強度，品質基準強度および圧縮強度
　高炉スラグ細骨材を使用するコンクリートの設計基準強度，耐久設計基準強度および品質基準強度の範囲ならびに定め方および圧縮強度についての規定は，JASS 5の3節による．

3.3　ワーカビリティー，スランプおよび空気量
　a．高炉スラグ細骨材を使用するコンクリートのワーカビリティーおよびスランプについての規定は，JASS 5の3節による．
　b．高炉スラグ細骨材を使用するコンクリートは，打込み中に分離を生ずることがなく，打込み後のブリーディングが過度にならないようにする．
　c．高炉スラグ細骨材を使用するコンクリートの目標空気量は4.5%以上とする．

3.4　気乾単位容積質量
　高炉スラグ細骨材を使用する普通コンクリートの気乾単位容積質量は，$2.1 t/m^3$を超え$2.5 t/m^3$

以下を標準とする．

3.5 ヤング係数

a．高炉スラグ細骨材を使用するコンクリートのヤング係数の予測値は，(3.1)式および(3.2)式を基に求めることができる．

コンクリートの圧縮強度が 36 N/mm² 以下の場合

$$E = 21.0 \times k_1 \times k_1' \times k_2 \times (\gamma/2.3)^{1.5} \times (\sigma_B/20)^{0.5} \tag{3.1}$$

コンクリートの圧縮強度が 36 N/mm² を超える場合

$$E = 33.5 \times k_1 \times k_1' \times k_2 \times (\gamma/2.4)^2 \times (\sigma_B/60)^{1/3} \tag{3.2}$$

ここに，E：コンクリートのヤング係数（kN/mm²）

γ：コンクリートの気乾単位容積質量（t/m³）

σ_B：コンクリートの圧縮強度（N/mm²）

k_1：粗骨材による係数

k_1'：細骨材による係数

k_2：混和材による係数

b．(3.1)式および(3.2)式の係数は，信頼できる資料または試験によって求める．ただし，高炉スラグ細骨材を単独使用するコンクリートの k_1'（細骨材による係数）は，1.10 としてよい．

3.6 乾燥収縮率

a．高炉スラグ細骨材を使用するコンクリートの乾燥収縮率の予測値は，(3.3)式を基に求めることができる．

$$\varepsilon_{sh}(t, t_0) = k \cdot t_0^{-0.08} \cdot \left\{ 1 - \left(\frac{h}{100}\right)^3 \right\} \cdot \left(\frac{(t-t_0)}{\alpha + (t-t_0)}\right)^\beta \tag{3.3}$$

$$k = (11 \cdot W - 1.0 \cdot C - 0.82 \cdot G + 404) \cdot \gamma_1 \cdot \gamma_1' \cdot \gamma_2 \cdot \gamma_3$$

ここに，$\varepsilon_{sh}(t, t_0)$：乾燥日数 t 日の収縮率（×10⁻⁶）

t：乾燥日数 t 日（日）

t_0：乾燥開始材齢（日）

h：相対湿度（％）

W：単位水量（kg/m³）

C：単位セメント量（kg/m³）

G：単位粗骨材量（kg/m³）

γ_1：粗骨材の種類の影響を表す係数

γ_1'：細骨材の種類の影響を表す係数

γ_2：セメントの種類の影響を表す係数

γ_3：混和材の種類の影響を表す係数

α, β：乾燥の進行度を表す係数

b．(3.3)式の係数は，信頼できる資料または試験によって求める．ただし，高炉スラグ細骨材を単独使用するコンクリートの γ_1'（細骨材の種類の影響を表す係数）は，0.85 としてよい．

3.7 コンクリートの許容応力度

高炉スラグ細骨材を使用するコンクリートの許容応力度は，本会「鉄筋コンクリート構造計算規準」による．

3.8 耐久性を確保するための規定

高炉スラグ細骨材を使用するコンクリートの耐久性を確保するための規定は，JASS 5 の 3 節による．

3.9 激しい凍結融解作用を受ける部位に適用する場合の配慮

高炉スラグ細骨材を使用するコンクリートを激しい凍結融解作用を受ける部位に適用する場合は，JIS A 6204（コンクリート用化学混和剤）に適合する AE 剤，AE 減水剤または高性能 AE 減水剤を用い，凍結融解作用に対する所要の抵抗性が得られることを信頼できる資料または試験によって確認する．

3.10 特に高い水密性が要求される部位に適用する場合の配慮

高炉スラグ細骨材を使用するコンクリートを特に高い水密性や漏水に対する抵抗性が要求される部位に適用する場合は，JASS 5 の 23 節によるとともに，材料分離が生じないことを信頼できる資料または試験によって確認する．

4章　コンクリートの材料

4.1 セメント

セメントは，JASS 5 の 4 節による．

4.2 細骨材

a．高炉スラグ細骨材は，JIS A 5011-1（コンクリート用スラグ骨材－第 1 部：高炉スラグ骨材）に適合するものとする．

b．高炉スラグ細骨材以外の細骨材は，JASS 5 の 4 節による．

c．混合砂は，混合前の高炉スラグ細骨材の品質が JIS A 5011-1（コンクリート用スラグ骨材－第 1 部：高炉スラグ骨材）に適合し，混合前の高炉スラグ細骨材以外の細骨材の粒度分布および塩化物量以外の品質が JASS 5 の 4 節に適合するものとする．また，粒度分布および塩化物

量については，混合後の品質が JASS 5 の 4 節に適合するものとする．

4.3 粗 骨 材
粗骨材は，JASS 5 の 4 節による．

4.4 練 混 ぜ 水
練混ぜ水は，JASS 5 の 4 節による．

4.5 混 和 材 料
混和材料は，JASS 5 の 4 節による．

5 章 調 合

5.1 総 則
a．高炉スラグ細骨材を使用するコンクリートの計画調合は，所要のワーカビリティー，強度および耐久性が得られ，3章に示すその他の必要な性能が得られるように定める．
b．計画調合は，原則として試し練りを行って定める．

5.2 調合管理強度および調合強度
a．高炉スラグ細骨材を使用するコンクリートの調合管理強度は，(5.1) 式を満足するように定める．

$$F_m = F_q + {}_mS_n \tag{5.1}$$

ここに，F_m：コンクリートの調合管理強度（N/mm²）
　　　　F_q：コンクリートの品質基準強度（N/mm²）
　　　　${}_mS_n$：標準養生供試体の材齢 m 日における圧縮強度と構造体コンクリートの材齢 n 日における圧縮強度との差による構造体強度補正値（N/mm²）．ただし，${}_mS_n$ は 0 以上の値とする．

b．高炉スラグ細骨材を使用するコンクリートの調合強度は，標準養生した供試体の材齢 m 日の圧縮強度で表し，(5.2) および (5.3) 式を満足するように定める．

$$F \geqq F_m + 1.73\sigma \tag{5.2}$$
$$F \geqq 0.85 F_m + 3\sigma \tag{5.3}$$

ここに，F：コンクリートの調合強度（N/mm²）
　　　　F_m：コンクリートの調合管理強度（N/mm²）
　　　　σ：コンクリートの圧縮強度の標準偏差（N/mm²）

c．構造体強度補正値（$_mS_n$）は，JASS 5 の 5 節によるほか，信頼できる資料または試験をもとに定める．

d．コンクリートの圧縮強度の標準偏差は，レディーミクストコンクリート工場で高炉スラグ細骨材を使用するコンクリートについての実績がある場合は，その実績に基づいて定める．実績がない場合は，2.5 N/mm² または $0.1F_m$ の大きい方の値とする．

e．材齢 m 日は，原則として 28 日とし，材齢 n 日は 91 日とする．

f．調合強度は，b 項によるほか，構造体コンクリートが施工上必要な材齢において，必要な強度を満足するように定める．

5.3 練上がりスランプ

練上がりスランプは，製造場所から荷卸しする場所までの運搬時間および工事現場内での運搬方法による変化を考慮して定める．

5.4 練上がり空気量

練上がり空気量は，製造場所から荷卸しする場所までの運搬時間および工事現場内での運搬方法による変化を考慮して定める．

5.5 水セメント比

a．水セメント比は，表 5.1 に示す水セメント比の最大値以下の値とし，調合強度が得られるように定める．

b．調合強度を得るための水セメント比は，原則として試し練りを行って定める．ただし，レディーミクストコンクリート工場で高炉スラグ細骨材を使用した実績がある場合は，その実績に基づく関係式を用いてよい．

表5.1　水セメント比の最大値

セメントの種類		各計画供用期間の級における水セメント比の最大値（％）	
		短期・標準・長期	超長期
ポルトランドセメント	早強ポルトランドセメント 普通ポルトランドセメント 中庸熱ポルトランドセメント	65	55
	低熱ポルトランドセメント	60	
混合セメント	高炉セメント A 種 フライアッシュセメント A 種 シリカセメント A 種	65	—
	高炉セメント B 種 フライアッシュセメント B 種 シリカセメント B 種	60	

5.6 単位水量

a. 単位水量は，185 kg/m³以下とし，所要のワーカビリティーおよびスランプが得られる範囲内で，できるだけ小さい値を定める．

b. 高炉スラグ細骨材を単独使用する場合は，高炉スラグ細骨材を使用しない場合と比べて単位水量を2～10%増加させ，a項を満足させるように単位水量を定める．

5.7 単位セメント量

a. 単位セメント量は，5.5節の水セメント比および5.6節の単位水量から算出される値とする．

b. 高炉スラグ細骨材を単独使用する場合の単位セメント量の最小値は，290 kg/m³とする．

5.8 単位粗骨材量

a. 単位粗骨材量は，本会「コンクリートの調合設計指針・同解説」に示される単位粗骨材かさ容積の標準値を基に定める．

b. a項によらない場合は，所要のワーカビリティーが得られる範囲内で，単位水量が最小となる最適細骨材率を試し練りによって求め，その細骨材率から単位粗骨材量を算出する．

5.9 混和材料の使用量

a. AE剤，AE減水剤および高性能AE減水剤の使用量は，所要のワーカビリティー，所定のスランプおよび空気量が得られるよう，信頼できる資料または試し練りによって定める．

b. a項以外の混和材料の使用量は，所定の性能が得られるよう，信頼できる資料または試し練りによって定める．

5.10 計画調合の表し方

a．高炉スラグ細骨材を使用するコンクリートの計画調合は，表5.2に例示するように，高炉スラグ細骨材と他の細骨材とを区別して表示する．

b．混合砂を使用する場合は，骨材製造者から提出された試験成績表によって高炉スラグ細骨材およびその他の細骨材の絶対容積・単位量を計算して表記する．

表5.2 計画調合の表し方（例）

調合強度	スランプ	空気量	水セメント比	粗骨材の最大寸法	細骨材率	単位水量	絶対容積 (l/m^3)			単位量 (kg/m^3)			化学混和剤の使用量	計画調合上の最大塩化物イオン量
							セメント	高炉スラグ細骨材	その他の細骨材	粗骨材	セメント	高炉スラグ細骨材(1)	その他の細骨材(1)	粗骨材(1)	(ml/m^3)または($C×\%$)	
(N/mm^2)	(cm)	(%)	(%)	(mm)	(%)	(kg/m^3)										(kg/m^3)

［注］(1) 表面乾燥飽水状態で表記する．

6章　コンクリートの発注・製造および受入れ

6.1 総　則

a．高炉スラグ細骨材を使用するコンクリートの製造は，レディーミクストコンクリート工場または工事現場に設置した製造設備を用いて行う．

b．レディーミクストコンクリート工場で製造する場合は，6.2～6.5節に，工事現場に設置した製造設備で製造する場合は，6.6節による．

6.2 レディーミクストコンクリート工場の選定

a．JIS A 5308（レディーミクストコンクリート）の規定に適合するレディーミクストコンクリートを使用する場合は，次の（1）または（2）によりコンクリートを製造するレディーミクストコンクリート工場を選定する．

　（1）　高炉スラグ細骨材を使用するコンクリートが，JIS Q 1001（適合性評価－日本工業規格への適合性の認証－一般認証指針）および JIS Q 1011［適合性評価－日本工業規格への適合性の認証－分野別認証指針（レディーミクストコンクリート）］に基づいて，JIS A

5308 に適合することを認証されている工場．
（2） 高炉スラグ細骨材を使用するコンクリートが，（1）の適合性の認証を取得していない場合は，高炉スラグ細骨材を使用するコンクリート以外の JIS A 5308 に適合するレディーミクストコンクリートについて，適合性が認証されている工場．

b．JIS A 5308 の規定に適合しないレディーミクストコンクリートを使用する場合は，高炉スラグ細骨材を使用するコンクリートの製造実績があるか，または安定して製造・供給可能と認められる工場を選定する．

c．公益社団法人 日本コンクリート工学会が認定するコンクリート主任技士，コンクリート技士またはコンクリート技術に関してこれらと同等以上の知識と経験を有すると認められる技術者[1]が常駐している工場を選定する．

[注]（1） 技術士（コンクリートを専門とするもの），一級および二級（仕上げを除く）建築施工管理技士，一級および二級建築士をいう．

d．高炉スラグ細骨材を適切に貯蔵できる設備を有している工場を選定する．

e．JASS 5 の 7 節に定められた練混ぜから打込み終了までの時間の限度内にコンクリートを打ち込めるように運搬可能な距離にある工場を選定する．

6.3 レディーミクストコンクリートの発注

a．JIS A 5308（レディーミクストコンクリート）の規定に適合するレディーミクストコンクリートの発注は，JASS 5 の 6 節および JIS A 5308 による．

b．練混ぜ水としてスラッジ水が使用されている場合は，レディーミクストコンクリート工場のスラッジ水濃度の管理記録を確認する．スラッジ水濃度の管理が不十分であると認められた場合は，生産者と協議しスラッジ水の使用を中止する．

c．JIS A 5308 の規定に適合しないレディーミクストコンクリートを発注する場合は，JIS の規定を準用して必要な事項を生産者と協議して定める．

6.4 レディーミクストコンクリートの製造

a．JIS A 5308（レディーミクストコンクリート）の規定に適合するレディーミクストコンクリートを使用する場合は，レディーミクストコンクリート工場の製造設備，材料の計量・練混ぜ，運搬および品質管理が JIS A 5308 の規定に適合して行われていることを確認する．

b．JIS A 5308 の規定に適合しないレディーミクストコンクリートを使用する場合は，レディーミクストコンクリート工場の製造設備，材料の計量・練混ぜ，運搬および品質管理が 6.3 節の c 項で生産者と協議して定めた事項に適合して行われていることを確認する．

c．必要に応じて，生産者から品質管理結果を提示させ，所定の品質のコンクリートが生産されていることを確認する．

d．混合砂を使用する場合は，必要に応じて，混合方法，高炉スラグ細骨材混合率および混合率の確認方法を記録または現地検査によって確認する．

6.5 レディーミクストコンクリートの受入れ

a．レディーミクストコンクリートの受入検査の項目・方法および検査ロットの大きさ・検査頻度は，JASS 5 の 11 節を標準とする．レディーミクストコンクリート工場の品質管理が十分であると考えられる場合には，受入検査の項目を簡略化することができる．

b．レディーミクストコンクリートの受入れに際して，コンクリートの 1 日の納入量，時間あたりの納入量，コンクリートの打込み開始時刻，その他の必要事項を生産者に連絡する．

c．コンクリートに用いる材料および荷卸し地点におけるレディーミクストコンクリートの品質について，JASS 5 の 11 節に基づいて検査を行い，合格することを確認して受け入れる．検査の結果が不合格の場合は，適切な措置を講じる．

d．荷卸し場所は，トラックアジテータが安全，かつ円滑に出入りでき，荷卸し作業が容易に行える場所とする．

e．レディーミクストコンクリートは，荷卸し直前にトラックアジテータのドラムを高速回転させるなどして，コンクリートを均質にしてから排出する．

6.6 工事現場練りコンクリートの製造

a．工事開始前にコンクリートの材料の貯蔵，計量，練混ぜおよび運搬について必要な事項を定めておく．

b．製造設備およびトラックアジテータは，JIS A 5308（レディーミクストコンクリート）の箇条 8（製造方法）の規定に適合するものを用いる．

c．現場調合は，5 章に基づき，骨材の含水状態に応じて，1 バッチ分のコンクリートを練るのに必要な材料の質量を算出して定める．

d．各材料は，c 項で定めた現場調合に基づき，1 バッチ分ごとに質量で計量する．ただし，水および化学混和剤は，容積で計量してもよい．

e．各材料の計量誤差は，JIS A 5308 の細分箇条 8.2（材料の計量）の規定に示される値以内とする．

f．計量装置は定期的に検査し，正常に作動するように調整しておく．

g．工事現場練りコンクリートの品質管理・検査は，JASS 5 の 11 節により行う．検査の結果が不合格の場合は適切な措置を講じ，工事監理者の承認を受ける．

7 章　運搬・打込み・締固めおよび養生

7.1 総　則

本章は，高炉スラグ細骨材を使用するコンクリートの工事現場内における運搬，打込み，締固めおよび養生に適用する．

7.2 運　搬

a．コンクリートは，品質の変化が少なく分離が生じにくい方法で，荷卸し地点から打込み地点まで運搬する．

b．コンクリートの練混ぜから打込み終了までの時間の限度は，外気温が25℃未満の場合は120分，25℃以上の場合は90分とする．ただし，コンクリートの温度を低下させ，または凝結を遅らせるなどの特別な対策を講じた場合には，工事監理者の承認を受け，その時間の限度を変えることができる．

7.3　打込みおよび締固め

a．コンクリートの打込みおよび締固めは，コンクリートが均質かつ密実に充填され，所要の強度・耐久性を有し，有害な打込み欠陥部のない構造体コンクリートが得られるようにする．

b．1回に打ち込むように計画された区画内では，コンクリートが一体になるように連続して打ち込む．

c．打継ぎ部におけるコンクリートの打込みおよび締固めは，打継ぎ部に締固め不良やブリーディング水の集中などによるぜい弱部を生じないように行う．

d．打込みおよび締固め後に生じたブリーディング水は，これを適当な方法で除去する．特にスラブなどの水平仕上面などに生じるブリーディング水は，表面仕上げ性能を損なうおそれがあるので，これを取り除いた後，タンピングやこてにより仕上げを行う．

7.4　養　生

a．コンクリートは，打込み終了直後からセメントの水和およびコンクリートの硬化が十分に進行するまでの間，急激な乾燥，過度の高温または低温の影響，急激な温度変化，振動および外力の悪影響を受けないように養生する．

b．打込み後のコンクリートは，透水性の小さいせき板による被覆，養生マットまたは水密シートによる被覆，散水・噴霧，膜養生剤の散布などにより湿潤養生を行う．

c．気温が高い場合，風が強い場合または直射日光を受ける場合には，コンクリート面が乾燥しないように養生を行う．

d．外気温の低下する時期においてはコンクリートを寒気から保護し，打込み後5日間以上はコンクリートの温度を2℃以上に保つ．

8章　品質管理・検査

8.1　総　則

本章は，高炉スラグ細骨材を使用するコンクリートの製造時における品質管理，荷卸し時・打込

み直前における品質検査および試験に適用する．

8.2 細骨材の品質管理

a．高炉スラグ細骨材の製造者，種類および品質は，適切な試験頻度（検査頻度）を定めて，骨材製造者から提出された試験成績書または試験により，JIS A 5011-1（コンクリート用スラグ骨材―第1部：高炉スラグ骨材）に適合していることを確認する．

b．高炉スラグ細骨材以外の細骨材の種類，産地および品質は，適切な試験頻度（検査頻度）を定めて，骨材製造者から提出された試験成績書または試験により，4.2節に適合していることを確認する．

c．高炉スラグ細骨材を他の細骨材と混合使用する場合で，コンクリート製造時に別々に計量して使用する場合は，おのおのの細骨材をa項，b項により管理する．

d．高炉スラグ細骨材を他の細骨材と混合使用する場合で，混合砂を使用する場合は，混合前の各細骨材の種類，製造者または産地および品質をa項，b項により管理し，混合後の細骨材の品質が，4.2節に適合していることを試験または計算によって確認する．また，各細骨材の混合率を骨材製造者等から提出された試験成績表により確認する．

8.3 コンクリート製造時の品質管理

a．レディーミクストコンクリート工場における材料の品質管理およびコンクリートの製造管理は，JIS A 5308（レディーミクストコンクリート）およびJASS 5の11節による．

b．高炉スラグ細骨材を使用するコンクリートを工事現場で製造する場合の材料の品質管理およびコンクリートの製造管理は，a項に準じて行う．

8.4 使用するコンクリートの品質管理

高炉スラグ細骨材を使用するコンクリートの受入れ時の品質検査は，JIS A 5308（レディーミクストコンクリート）およびJASS 5の11節による

8.5 構造体コンクリート強度の検査

高炉スラグ細骨材を使用するコンクリートの構造体コンクリート強度の検査は，JASS 5の11節による．

9章　高強度コンクリート

9.1 総則

本章は，高炉スラグ細骨材を使用する高強度コンクリートの調合設計および品質管理に適用す

る．

9.2 コンクリートの品質

a．高炉スラグ細骨材を使用する高強度コンクリートの設計基準強度は，$36\,\mathrm{N/mm^2}$を超え，$60\,\mathrm{N/mm^2}$以下の範囲とする．設計基準強度が$60\,\mathrm{N/mm^2}$を超える高強度コンクリートの品質，材料，調合および品質管理の方法は，試験または信頼できる資料により，所要の品質が得られることを確かめる．

b．高炉スラグ細骨材を使用する高強度コンクリートの圧縮強度についての規定は，JASS 5 の 17 節による．

c．高炉スラグ細骨材を使用する高強度コンクリートのワーカビリティーおよびスランプについての規定は，JASS 5 の 17 節による．

9.3 コンクリートの材料

a．高炉スラグ細骨材を使用する高強度コンクリートの細骨材は，4.2 節による．ただし，砕砂の微粒分量は 5.0％以下とし，高炉スラグ細骨材以外のスラグ細骨材および再生細骨材 H は使用しない．

b．高炉スラグ細骨材を使用する高強度コンクリートの細骨材以外の材料は，JASS 5 の 17 節による．

9.4 調　　合

高炉スラグ細骨材を使用する高強度コンクリートの調合は，5 章および JASS 5 の 17 節による．ただし，構造体強度補正値（$_mS_n$）は，信頼できる資料または試験によって定める．

9.5 コンクリートの製造

高炉スラグ細骨材を使用する高強度コンクリートの製造は，6 章および JASS 5 の 17 節による．

9.6 施　　工

高炉スラグ細骨材を使用する高強度コンクリートの運搬，打込み・締固めおよび養生は，7 章および JASS 5 の 17 節による．

9.7 品質管理・検査

高炉スラグ細骨材を使用する高強度コンクリートの品質管理・検査は，8 章および JASS 5 の 17 節による．

高炉スラグ細骨材を使用するコンクリートの調合設計・施工指針
解　　説

高炉スラグ細骨材を使用するコンクリートの調合設計・施工指針・解説

1章 総 則

1.1 適用範囲

> a．本指針は，細骨材として高炉スラグ細骨材を単独または他の細骨材と混合して使用するコンクリートの調合設計，製造，施工および品質管理に適用する．
> b．本指針に示されていない事項については，本会「建築工事標準仕様書 JASS 5 鉄筋コンクリート工事」（以下，JASS 5 という）および関連指針の規定に準拠する．

a．本指針は，細骨材として高炉スラグ細骨材（以下，BFS という．）を単独または他の細骨材と混合して使用するコンクリートを対象としており，1983 年刊行の本会「高炉スラグ細骨材を用いるコンクリート施工指針・同解説」（以下，旧版という）では BFS の実績が少なかったこともあり，設計，すなわち構造設計に関する事項についても章を設けて解説を加えていた．しかしながら，その後に多くの実績が蓄積されてきたことも考慮し，設計に関わる事項は 3 章「コンクリートの品質」で扱うこととした．また，BFS を使用するコンクリートの製造および品質管理の重要性も鑑み，本項では旧版の「設計および施工」という表現を「調合設計，製造，施工および品質管理」と改めることとした．

既往の種々の実験結果[1]および本会の高炉スラグ細骨材ワーキンググループで実施した一連の実験結果[2),3),4)]によると，砂や砕砂などの普通細骨材に BFS を 30％未満で混合した場合，コンクリートの性状の違いはあまり認められなかった．このため，混合率については，その目標値が 30％未満の場合は，本指針によらず，砂や砕砂などの普通細骨材を使用する一般のコンクリートと同様に扱ってもよい．また，JIS A 5308（レディーミクストコンクリート）では，骨材を混合して使用する場合は，混合前の各骨材の種類および混合割合を示すこととなっている．このため，BFS の混合率が不明な場合には，本指針は適用しない．

なお，本指針でいう BFS は，1.2「用語」で後述するように急冷したものであり，徐冷したスラグを破砕したものは，本指針では対象としていない．

b．BFS を他の細骨材に混合して使用したコンクリートの諸性状は，混合率が小さい(30％未満)場合には，一般のコンクリートと大きく異なるところがないことが認められている．このため，本指針に示されていない事項については，JASS 5 および関連指針によることとした．

JASS 5（2009 年版）では，特記がない場合は BFS を高強度コンクリートに使用できないこととなっている．このため，本指針では，9 章「高強度コンクリート」を設けて，BFS の高強度コンク

リートへの適用方法について必要な事項を規定した．また，3章「コンクリートの品質」において，BFS を適用する上で配慮すべき事項を示した．

なお，本指針で引用している法令，JIS 等の規格，JASS 5 および関連指針などに改正・改定などがあった場合には，その内容を検討の上，適宜その最新版を適用することにより，実務上支障のない運用を図ることが望ましい．

1.2 用　　語

> 本指針に用いる用語は次によるほか，JIS A 0203（コンクリート用語）および JASS 5 の 1 節による．
> 　　高炉スラグ細骨材　　　：高炉で銑鉄と同時に生成する溶融スラグを水，空気などによって急冷し，粒度調整した細骨材（略称 BFS）．
> 　　高炉スラグ細骨材混合率：全細骨材に対する高炉スラグ細骨材の絶対容積の比で，百分率で表す（略称 BFS 混合率）．
> 　　混合砂　　　　　　　　：高炉スラグ細骨材と他の細骨材とをあらかじめ混合して製造した細骨材．混合前のおのおのの細骨材の品質および混合後の品質ならびに高炉スラグ細骨材混合率が明確になっていなければならない．

BFS は，JIS A 5011-1（コンクリート用スラグ骨材－第 1 部：高炉スラグ骨材）で定められた呼称であり，ここに示した用語の意味も JIS と同じである．ただし，JIS では「溶鉱炉」となっている表現を，誤解のないように「高炉」とした．また，現在は，空気によって急冷するタイプの BFS は製造されていない．なお，BFS は，粒度によって 4 種類に区分されているが，詳細は 4 章に示す．

BFS 混合率は，他のスラグ細骨材の場合と同様に，全細骨材に対する絶対容積の比として表すこととし，［BFS の絶対容積／（BFS の絶対容積 ＋ 他の細骨材の絶対容積）］×100％ として求める．なお，BFS の密度は砂や砕砂などの普通細骨材と同程度であるため，質量比としてもよい．その場合は質量比であることを明記する．

混合砂という用語は，異なる種類の細骨材を混合した細骨材として比較的一般的に用いられている．このため，本指針では，BFS と他の細骨材とをレディーミクストコンクリート工場以外のところで混合して製造した細骨材という意味に限定して用いている．

なお，BFS を他の細骨材と混合する場合，両者の粒度の変動に応じて BFS 混合率を変化させる場合があることを考慮し，例えば，BFS 混合率 20～30％ や BFS 混合率 30％ 以下と表示されている場合についても，BFS 混合率が明確になっていると見なすこととする．

また，本指針の解説では，「BFS を使用するコンクリート」と砂や砕砂などの普通細骨材だけを使用するコンクリート（BFS を使用しないコンクリート）とを区別するため，後者を便宜上「一般のコンクリート」と称することとする．

参 考 文 献
1) 例えば，日本鉄鋼連盟　コンクリート用高炉スラグ細骨材標準化研究委員会：コンクリート用高炉スラグ細骨材標準化に関する研究報告書（その 1），1980.6

2) 日本建築学会：高炉スラグ細骨材を用いるコンクリート施工についての調査研究（その2）報告書，2011.3
3) 日本建築学会：高炉スラグ細骨材を用いるコンクリート施工についての調査研究（その3）報告書，2012.3
4) 日本建築学会：高炉スラグ細骨材を用いるコンクリート施工についての調査研究（その3）報告書，別冊付録6：高炉スラグ細骨材（BFS）を用いた高強度コンクリートの実機試験結果，2012.3

2章 コンクリートの種類および区分

2.1 コンクリートの使用骨材による種類

高炉スラグ細骨材を使用するコンクリートの使用する骨材による種類は，表2.1による．

表2.1 高炉スラグ細骨材を使用するコンクリートの使用骨材による種類

コンクリートの種類	使用する骨材	
	粗骨材	細骨材
普通コンクリート	砂利，砕石，高炉スラグ粗骨材，電気炉酸化スラグ粗骨材，再生粗骨材Hまたはこれらを混合したもの	高炉スラグ細骨材および高炉スラグ細骨材を砂，砕砂，他のスラグ細骨材または再生細骨材Hと混合したもの
軽量コンクリート1種	人工軽量粗骨材	高炉スラグ細骨材および高炉スラグ細骨材を砂，砕砂，他のスラグ細骨材または再生細骨材Hと混合したもの

コンクリートの使用骨材による種類分けは，コンクリートの区分の中で最も基本的なものであり，一般に，重量，普通，軽量コンクリートの3種類に区分される．本指針では，BFSの特徴を踏まえて，BFSを使用するコンクリートの種類を「普通コンクリート」および「軽量コンクリート1種」の2種類とした．

銅スラグ骨材や電気炉酸化スラグ骨材は，骨材の密度が大きく，遮蔽用コンクリートや基礎のコンクリートなど重量コンクリートへの適用が考えられる．一方，BFSは，砂や砕砂などの普通細骨材と密度が同程度であるため，重量コンクリートに使用される事例は少ないと考えられる．したがって，本指針では重量コンクリートを適用範囲から除外したが，BFSを重量コンクリートに使用することを妨げるものではない．また，軽量コンクリートについては，使用実績が少ないことなどから，軽量コンクリート1種に限定した．

なお，普通コンクリート，軽量コンクリート1種ともに，使用する粗骨材と細骨材との組合せは，一般のコンクリートと同様である．

2.2 コンクリートの使用材料，施工方法および要求性能による種類

a．高炉スラグ細骨材を使用するコンクリートおよびコンクリート工事の使用材料，施工方法および要求性能による種類は，下記(1)～(15)による．
 (1) 寒中コンクリート工事
 (2) 暑中コンクリート工事
 (3) 軽量コンクリート*
 (4) 流動化コンクリート

（5）　高流動コンクリート
　（6）　高強度コンクリート
　（7）　鋼管充填コンクリート
　（8）　プレキャスト複合コンクリート
　（9）　マスコンクリート
　（10）　水密コンクリート
　（11）　水中コンクリート
　（12）　海水の作用を受けるコンクリート
　（13）　凍結融解作用を受けるコンクリート
　（14）　住宅基礎用コンクリート
　（15）　無筋コンクリート
　　［注］＊軽量コンクリート1種に限る．
b．a項に示す種類のコンクリートまたはコンクリート工事のうち，高強度コンクリートへの適用については9章による．
c．a項に示す種類のコンクリートまたはコンクリート工事のうち，高強度コンクリート以外への適用にあたっては，本指針の規定によるほか，JASS 5または本会の関連指針の規定による．

　a．JASS 5では，使用材料，施工時期，施工方法，施工場所などの施工条件あるいは要求性能などの違いによって，特殊仕様のコンクリートとして合計19種類のコンクリート（一部コンクリート工事を含む）を規定している．本指針では，BFSを単独で使用することも考慮して，特殊仕様のコンクリートの種類を定めた．具体的には，19種類の特殊仕様のコンクリートのうち，主として，使用材料による区分に関連する，遮蔽用コンクリート，エコセメントを使用するコンクリート，再生骨材コンクリート，プレストレストコンクリートを除く，15種類のコンクリートを適用範囲とした．ただし，BFSの使用方法（混合率など）を考慮した上で，除外したコンクリートにBFSを使用することを妨げるものではない．なお，プレストレストコンクリートについては，後述するように，BFSを高強度コンクリートに適用することも可能であるが，クリープ特性等に関する検討が現状では不十分であるため適用範囲から除外した．

　BFSを使用するコンクリートを「寒中コンクリート工事」「暑中コンクリート工事」「マスコンクリート」に適用する際に配慮すべき事項の概要を以下に示す．

［寒中コンクリート工事］

　寒中コンクリート工事において，凝結硬化の初期にコンクリートを凍結させないような配慮が必要であることは，一般のコンクリートと同様である．

　BFSを使用するコンクリートは，BFS混合率にもよるが，一般のコンクリートに比べて単位水量が大きくなり，エントラップトエアが1〜2%程度多くなる傾向がある．したがって，耐凍害性を高める観点から，JIS A 6204（コンクリート用化学混和剤）に適合する化学混和剤を用いて，単位水量をできるだけ小さくするとともに，良質なエントレインドエアを確保するなどの配慮が必要である．また，BFSを使用するコンクリートは，低温時における初期強度が一般のコンクリートに比較して若干低い傾向がある．したがって，打込み後のコンクリートが初期凍害防止に必要な強度に達するまでコンクリートが凍結しないような対策や適切な初期養生を行うなどの配慮が必要である．

なお，本指針の3.9節に，BFSを使用するコンクリートを激しい凍結融解作用を受ける部位に適用する場合の配慮について規定しているので，寒中コンクリート工事に適用する場合も参考にするとよい．

［暑中コンクリート工事］

BFSを使用するコンクリートも一般のコンクリートと同様，日平均気温の平年値が25℃を超える期間を暑中コンクリート工事の適用期間と考えてよい．

BFSは日平均気温が20℃を超える時期になると，固結現象を起こす場合がある．この固結現象に伴い，貯蔵設備からの引出し作業が困難になるだけでなく，BFSの品質が変化するほか，固結時の水和熱によってBFSの温度やコンクリート温度がいくぶん上昇する場合がある．したがって，暑中コンクリート工事の適用期間には，BFSの固結防止に対する配慮が必要である．具体的には，BFSの「高気温時における貯蔵の安定性」を確認するとともに，計画的に購入し，すみやかに使用するなどの対応が考えられる．

BFSを使用するコンクリートの凝結時間は，一般のコンクリートと比較して大きな差はないとする報告[1]がある．しかし，BFSを使用するコンクリートは，単位セメント量が多くなりがちで水和熱による温度上昇も大きくなる傾向がある．したがって，製造工程および荷卸し時におけるコンクリート温度の管理，コールドジョイントを防止するため遅延形の化学混和剤を使用するなどの配慮が必要である．

［マスコンクリート］

BFSを使用するコンクリートをマスコンクリートに適用する場合は，打込み後の温度上昇量がなるべく小さくなるよう，コンクリートの調合および施工について配慮する必要がある．

マスコンクリートは，「部材断面の最小寸法が大きく，かつセメントの水和熱に起因する温度上昇で有害なひび割れが入るおそれがある部分のコンクリート」と定義される．有害なひび割れが発生する目安となる部材の寸法は，耐圧盤，壁，基礎梁，柱などの部材の種類によって異なるが，例えば，壁や基礎梁は厚さ80 cm程度，耐圧盤は厚さ100 cm程度が目安と考えられる．一方，コンクリートが富調合である場合や，外部からの拘束が極めて大きい場合などでは，それ以下でも注意が必要である．

解説図2.1は，解説表2.1に示したコンクリートを打ち込んだ模擬構造試験体の中心部の温度上昇量を示した一例[2]である．解説図2.1によると，BFSを使用するコンクリートは，一般のコンクリートと比較して，温度上昇量がやや高い傾向にある．これは，既往の文献[3]でも指摘されているように，BFSを使用したコンクリートの熱拡散係数が，一般のコンクリートと比較して小さいことが要因の一つであると考えられる．

しかし，本会「マスコンクリートの温度ひび割れ制御設計・施工指針（案）・同解説」[4]のチャートに準じてひび割れ発生の危険度を示す応力強度比について，解説図2.2に示す構造物「部材厚$D_w=1.8$ m，部材高さ$H_w=2.8$ m，単位セメント量が360 kg/m^3（$\gamma=2.3$ t/m^3）とする．」を例に考えた場合，仮に断熱温度上昇量が10℃高いと仮定しても応力強度比としては，せいぜい0.1程度高くなるにとどまっており，上記の断熱温度上昇量の差異が及ぼす影響は小さい．

解説表 2.1 コンクリートの調合条件,記号,温度測定箇所[2]

水セメント比 (%)	セメント 種類	セメント 単位量 (kg/m³)	BFS 銘柄	BFS 混合率 (%)	コンクリートの記号(凡例)	温度測定箇所
40	普通ポルトランドセメント	460	川砂	—	40N	1000×550 mm の柱部材を想定した模擬構造試験体の中心部
40	普通ポルトランドセメント	460	SB	50	40SB50	
40	普通ポルトランドセメント	460	SB	100	40SB100	
30	低熱ポルトランドセメント	583	川砂	—	30N	
30	低熱ポルトランドセメント	583	SB	50	30SB50	
30	低熱ポルトランドセメント	583	SB	100	30SB100	

解説図 2.1 BFS を使用したコンクリートの温度上昇例[2]

　一方,BFS 混合率が 50% 程度までであれば,スランプおよび圧縮強度は,一般のコンクリートとほぼ同等である.しかし,この値を超えて混合率を増加させた場合は,同一スランプ・同一強度を得るための単位セメント量が多くなり,一般のコンクリートと比較して水和熱による温度上昇が高くなるので注意が必要である.

　コンクリートの温度上昇量をなるべく小さくするためには,調合および施工について,JASS 5 や本会「マスコンクリートの温度ひび割れ制御設計・施工指針(案)・同解説」などを参考に配慮するとよい.

単位セメント量を低減する具体的な方策としては,以下に示す方法が挙げられる.

(1) コンクリートのスランプは15 cmを上限とする.ただし,高性能AE減水剤または流動化剤を用いる場合は,18 cmを上限とする.

(2) JIS A 6206(コンクリート用高炉スラグ微粉末)に規定する高炉スラグ微粉末4000やJIS A 6201(コンクリート用フライアッシュ)に規定されるフライアッシュ等の混和材の使用を検討する.

また,施工にあたって,温度応力を低減できるように打込み区画を適切に分割するなどの配慮を講じることが望ましい.打込み・養生等の施工時の対策についても本会「マスコンクリートの温度ひび割れ制御設計・施工指針(案)・同解説」などを参照するとよい.

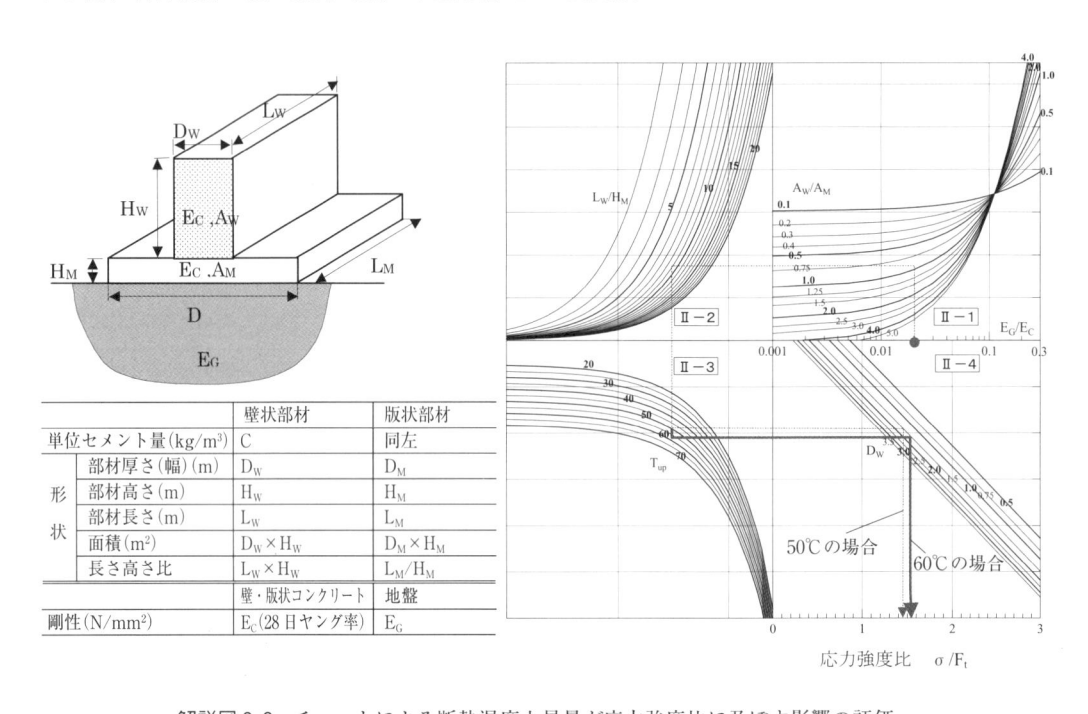

		壁状部材	版状部材
	単位セメント量(kg/m³)	C	同左
形状	部材厚さ(幅)(m)	D_W	D_M
	部材高さ(m)	H_W	H_M
	部材長さ(m)	L_W	L_M
	面積(m²)	$D_W \times H_W$	$D_M \times H_M$
	長さ高さ比	$L_W \times H_W$	L_M / H_M
		壁・版状コンクリート	地盤
剛性(N/mm²)		E_C(28日ヤング率)	E_G

解説図2.2 チャートによる断熱温度上昇量が応力強度比に及ぼす影響の評価

b.JASS 5では,高強度コンクリートに使用する骨材について,特記のない場合は,砕石・砕砂または砂利・砂に限定している.しかし,本会の高炉スラグ細骨材ワーキンググループでの研究成果[5]や関連する実機実験結果[6]によると,設計基準強度が60 N/mm²以下の場合,BFSを使用したコンクリートにおいても所要の性能が得られることが確認されている.そこで,本指針では,BFSを高強度コンクリートにも適用できるとし,適用する際の諸条件を9章に示した.

c.砂や砕砂などの普通細骨材と同様,BFSも特殊仕様のコンクリートに適用することができる.その際には,本指針の規定,JASS 5または本会の関連指針の規定による.ただし,BFSを高い混合率,あるいは,BFSを単独で使用するコンクリートにおいては,単位水量の増大,ブリーディング量の増加,良質な空気泡の連行が難しいなどの特性を示す場合がある.したがって,BFSを特殊仕様のコンクリート,特に水密コンクリートや凍結融解作用を受けるコンクリートへ適用す

る場合は，調合上の配慮が必要であり，試験または信頼できる資料によってコンクリートの諸性状を事前に確認することが望ましい．

2.3 高炉スラグ細骨材の使用方法による区分

> a．高炉スラグ細骨材の使用方法は，使用目的やコンクリートの性能に及ぼす影響などを考慮して定める．
> b．高炉スラグ細骨材の使用方法による区分は，下記（1）または（2）による．
> （1）混合使用：高炉スラグ細骨材を他の細骨材と混合して使用する方法
>   ⅰ）コンクリート製造時に高炉スラグ細骨材および他の細骨材を別々に計量して使用する方法
>   ⅱ）混合砂を使用する方法
> （2）単独使用：高炉スラグ細骨材を単独で細骨材として使用する方法

a．BFSは，環境保全（産業副産物の有効利用）の観点から，コンクリート用細骨材として利用されており，その使用方法には，混合使用と単独使用とがある．

BFSを混合使用する主な目的は，環境保全のほか，細骨材の粒度調整，品質の改善など（塩化物量，その他の不純物の含有率の低減など）が挙げられるが，その混合率は，使用目的などによって異なる．BFS混合率は，関東地域では10～30％程度が一般的であるが，関西以西の地域では，細骨材の粒度調整や品質の改善などを目的として20～60％の割合で混合使用される場合もある．そこで，本指針では，BFS混合率の上限値に関する標準を示さず，BFSの使用方法（混合率）は，使用目的，混合する細骨材の種類および品質，コンクリートの性能に及ぼす影響などを考慮して定めることとした．

BFSを単独で使用する場合，使用できるBFSは，JIS A 5011-1（コンクリート用スラグ骨材－第1部：高炉スラグ骨材）に規定される4種類のうち，BFS5，BFS2.5，BFS1.2の3種類に限られ，BFS5-0.3は混合使用することを前提としているため，単独で使用することはできない．また，BFSは，気温が高い時期は，貯蔵に伴い粒子が固結する場合がある．このような固結現象を防止するため，BFSの製造プラントでは，コンクリートの調合や品質に悪影響を与えない固結防止剤が散布されている．固結防止剤を散布したBFSは，数週間安定した貯蔵が可能であるが，BFSを使用する場合は，計画的に購入し，すみやかに使用するのがよい．特に使用量が多い単独使用の場合は，この点に配慮する必要がある．

b．これまでの実績によると，レディーミクストコンクリート工場において，BFSを単独で使用している事例は極めて少なく，通常は，砂や砕砂などの普通細骨材と混合して使用されている．しかし，本指針では，コンクリートに要求される所要の性能が得られることを前提として，BFSを単独でも使用できることとした．

現在，BFSは他の細骨材と混合して使用されているが，混合使用の方法には，二通りの方法がある．一つは，BFSと他の細骨材を個別に納入・管理し，コンクリートの製造時に別々に計量して使用する方法である．この方法は，異種類の細骨材（例えば，砂と砕砂）の混合使用方法として広く普及している．

もう一つの方法は，BFSと他の細骨材とをあらかじめ混合*して製造された混合砂を使用する方

法である．この方法は，主に，関東地域の BFS を対象として普及している方法であるが，これを採用する場合は，混合前のおのおのの細骨材の種類や品質，各細骨材の混合割合などを明確にする必要がある．そこで，本指針では，1 章の用語に示したように，混合砂については，混合前のおのおのの細骨材の品質および混合後の品質ならびに BFS 混合率が明確になっていなければならないと規定した．

なお，8 章に示すように，細骨材の品質管理方法は混合使用の方法によって大きく異なるため，注意する必要がある．

[注]＊この混合方法は，山元混合，埠頭混合，岸壁混合などと通称されている．

参 考 文 献

1) 日本鉄鋼連盟　コンクリート用高炉スラグ細骨材標準化研究委員会：コンクリート用高炉スラグ細骨材標準化に関する研究報告書（その 1），1980.6
2) 石　東昇：高炉スラグ細骨材を使用した高強度コンクリートの力学特性および調合設計法に関する研究（宇都宮大学博士号論文），2011.9
3) 友沢史紀，桝田佳寛ほか：模型コンクリート部材による内部温度上昇の測定，昭和 52 年度建築研究所年報，建設省建築研究所，pp.89-92，1979.3
4) 日本建築学会：マスコンクリートの温度ひび割れ制御設計・施工指針（案）・同解説，2008
5) 日本建築学会：高炉スラグ細骨材を用いるコンクリート施工についての調査研究（その 3）報告書，2012.3
6) 日本建築学会：高炉スラグ細骨材を用いるコンクリート施工についての調査研究（その 3）報告書，別冊付録 6：高炉スラグ細骨材（BFS）を用いた高強度コンクリートの実機試験結果，2012.3

3章　コンクリートの品質

3.1　総　　則

> a．使用するコンクリートは，4章に定める材料および5章に定める調合の規定を満足し，所要のワーカビリティー，強度，ヤング係数，乾燥収縮率および耐久性を有するものとする．
> b．構造体コンクリートは，所定の強度，ヤング係数，乾燥収縮率，気乾単位容積質量，耐久性および耐火性を有し，有害な打込み欠陥部のないものとする．

a．BFSを使用するコンクリートに要求される品質は，他の細骨材を使用するコンクリートに要求される品質と変わることはない．

使用するコンクリートとは，工事現場に供給されるコンクリートのことであり，その品質は荷卸し時の受入検査で確認される．本項は，使用するコンクリートに要求される品質を規定したものであり，受入れ時に4章に定める材料の規定および5章に定める調合の規定を満足し，荷卸し時のフレッシュコンクリートが所要のワーカビリティーを有し，荷卸し時に採取され標準養生されたコンクリートが所要の強度を有し，所要のヤング係数，乾燥収縮率および耐久性を満足するものでなければならないことを述べたものである．

なお，「所要の」とは，そのコンクリートに要求されるという意味であり，使用するコンクリートに対して用いている．具体的な内容については，JASS 5の3節を参照されたい．

b．構造体コンクリートとは，コンクリートが型枠内に打ち込まれて締め固められ，所定の養生が施されて構造体として実現したコンクリートである．本項は，構造体コンクリートに要求される品質を規定したものであり，構造体および部材の要求性能を満足するように，所定の強度，ヤング係数，乾燥収縮率，気乾単位容積質量，耐久性および耐火性を有し，有害な打込み欠陥部のないものでなければならない．

なお，「所定の」とは，設計図書に明記されたという意味で，構造体コンクリートに対して用いている．具体的な内容については，JASS 5の3節を参照されたい．

3.2　設計基準強度，耐久設計基準強度，品質基準強度および圧縮強度

> 高炉スラグ細骨材を使用するコンクリートの設計基準強度，耐久設計基準強度および品質基準強度の範囲ならびに定め方および圧縮強度についての規定は，JASS 5の3節による．

BFSを使用するコンクリートに要求される品質は，一般のコンクリートに要求される品質と変わることはない．そのため，BFSを使用するコンクリートの設計基準強度，耐久設計基準強度，品質基準強度の範囲ならびに定め方および圧縮強度についての規定は，JASS 5の3節による．

解説表3.1 コンクリートの耐久設計基準強度（JASS 5 表3.1）

計画供用期間の級	耐久設計基準強度（N/mm²）
短　期	18
標　準	24
長　期	30
超長期	36*

［注］＊計画供用期間の級が超長期で，かぶり厚さを10 mm増やした場合は，30 N/mm²とすることができる．

解説表3.2 構造体コンクリートの圧縮強度の基準（JASS 5 表3.2）

供試体の養生方法	試験材齢	圧縮強度の基準
コア[1]	91日	品質基準強度以上[2]
標準養生	28日	調合管理強度以上
現場水中養生または現場封かん養生	施工上必要な材齢	施工上必要な強度

［注］(1) 工事監理者の承認を得て構造体温度養生供試体とすることができる．
(2) 構造体温度養生供試体による場合は，品質基準強度に3 N/mm²を加えた値とする．

JASS 5に規定されるコンクリートの耐久設計基準強度を解説表3.1に，構造体コンクリートの圧縮強度に関する基準を解説表3.2に示す．

3.3 ワーカビリティー，スランプおよび空気量

> a．高炉スラグ細骨材を使用するコンクリートのワーカビリティーおよびスランプについての規定は，JASS 5の3節による．
> b．高炉スラグ細骨材を使用するコンクリートは，打込み中に分離を生ずることがなく，打込み後のブリーディングが過度にならないようにする．
> c．高炉スラグ細骨材を使用するコンクリートの目標空気量は4.5％以上とする．

a．BFSは，川砂と比較すると，砕砂と同様に角ばった粒形をしており，ワーカビリティーの良いコンクリートを得るためには，AE剤やAE減水剤，あるいは高性能AE減水剤を用いてAEコンクリートとし，単位水量の低減とワーカビリティーの改善を行う必要がある．

スランプは，打込み箇所や打込み方法に応じて定める．BFSを使用するコンクリートにおいても，普通コンクリートと同様に，調合管理強度が33 N/mm²以上の場合は21 cm以下，33 N/mm²未満の場合は18 cm以下とするが，コンクリートの打込み・締固めが比較的容易な基礎やスラブおよび梁部材などでは，これよりさらに小さい値とすることが望ましい．

解説表3.3に各種コンクリートのスランプの最大値を示す．

b．BFSは，表面がガラス質であり，天然砂に比較して保水性が悪い．また，BFSを使用したコンクリートは，単位水量の増加に伴ってブリーディング量が多くなる傾向がある．解説図3.1

解説表 3.3 各種コンクリートのスランプ (JASS 5 解説表 3.2)

コンクリートの種類		スランプ (cm)
普通コンクリート	調合管理強度 33 N/mm² 未満	18 以下
	調合管理強度 33 N/mm² 以上	21 以下
軽量コンクリート		21 以下
流動化コンクリート	調合管理強度 33 N/mm² 未満	21 以下
	調合管理強度 33 N/mm² 以上	23 以下
高流動コンクリート		55[1] 以上 65[1] 以下
高強度コンクリート	設計基準強度 45 N/mm² 未満	21 以下または 50[1] 以下
	設計基準強度 45 N/mm² 以上 60 N/mm² 以上	23 以下または 60[1] 以下
鋼管充填コンクリート		55[1] 以上 65[1] 以下
マスコンクリート		15 以下
水中コンクリート	調合管理強度 33 N/mm² 未満	21 以下
	調合管理強度 33 N/mm² 以上	23 以下

[注] (1) スランプフロー (cm) を示す．

は，BFS を使用したコンクリートのブリーディング試験結果の一例[1]である．なお，図の凡例 [55H25-4.5] は，「W/C, BFS の銘柄，BFS 混合率，空気量」を示し，N は陸砂を示す．また，図中の数値は単位水量 (kg/m³) を示している．

解説図 3.1 によると，BFS を使用したコンクリートは，一般のコンクリートと比較して，ブリーディング量が増加する傾向を示す．また，この傾向は，BFS 混合率が高いほど著しい．ブリーディング量の増加は，運搬や打込み中の材料分離，コンクリートの耐久性の低下，鉄筋との付着力の低下などの不具合を招く要因となる場合があるため，BFS の使用に際しては，あらかじめ試し

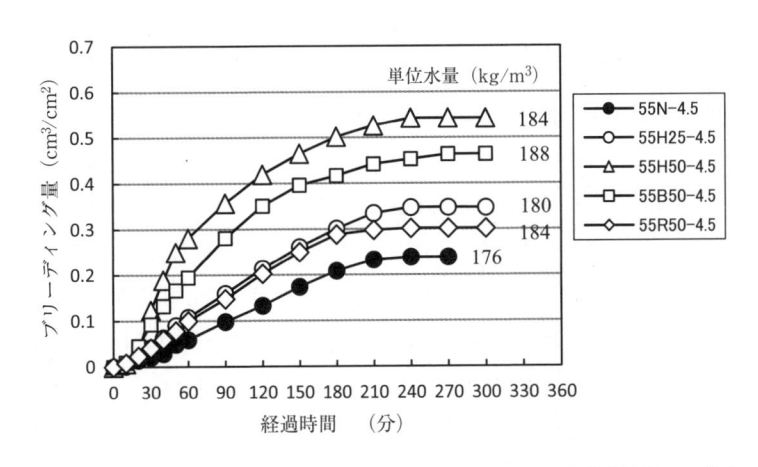

解説図 3.1 BFS を使用したコンクリートのブリーディング試験結果の一例[1]

練りを行ってブリーディング量を確認しておく必要がある．

本指針では，ブリーディング量の上限値について特に規定しないが，施工性やコンクリートの耐久性などを考慮すると $0.5\,\mathrm{cm^3/cm^2}$ 程度以下が望ましいといえる．ただし，特に高い水密性が要求される部位に適用する場合，激しい凍結融解作用を受ける水平面においては，それぞれ関連するJASS 5の規定に従って，ブリーディング量を $0.3\,\mathrm{cm^3/cm^2}$ 以下としなければならない．

なお，ブリーディング量を抑制する方法としては，単位水量の低減，骨材中の微粒分量の増大，ブリーディング低減効果のある混和剤の使用などが挙げられる．

ｃ．BFSを使用するコンクリートは，一般にエントラップトエアが多くなりがちであり，その空気量は，川砂の場合に比べて1%程度多い．しかし，このエントラップトエアはAE剤，AE減水剤および高性能AE減水剤によってコンクリート中に連行される微細な空気泡（エントレインドエア）とは異なり，気泡径が大きく，コンクリートの凍結融解抵抗性の改善効果が小さい．したがって，凍結融解作用を受けるおそれのある地域や建築物の部分にBFSを使用するコンクリートを適用する場合は，良質な空気泡が連行されるよう，空気量調整剤の種類や使用量を適切に選定することが重要である．

3.4 気乾単位容積質量

> 高炉スラグ細骨材を使用する普通コンクリートの気乾単位容積質量は，$2.1\,\mathrm{t/m^3}$ を超え $2.5\,\mathrm{t/m^3}$ 以下を標準とする．

コンクリートの気乾単位容積質量は，構造計算で固定荷重を算出する際，鉄筋コンクリートの質量を求めるための重要な値となる．BFSの絶乾密度および吸水率は，普通骨材と同程度である．したがって，コンクリートの気乾単位容積質量は，おおむね $2.3\,\mathrm{t/m^3}$ 前後であり，単位セメント量の多い高強度コンクリートでやや大きく，$2.4\,\mathrm{t/m^3}$ 程度となる．

BFSの絶乾密度は，JIS A 5011-1（コンクリート用スラグ骨材－第1部：高炉スラグ骨材）では，$2.5\,\mathrm{g/cm^3}$ 以上と規定されているが，水砕砂と風砕砂で若干異なる．水砕砂は，溶融スラグを高圧水流で急冷するとき，内部に気泡を巻き込むことによってスラグ自体の密度より若干小さくなり，その絶乾密度は $2.5\sim2.8\,\mathrm{g/cm^3}$，平均 $2.7\,\mathrm{g/cm^3}$ 程度である．つまり，水砕砂の密度は，天然砂や砕砂と同程度かやや大きい程度であり，コンクリートの気乾単位容積質量は，一般のコンクリートのそれとほとんど変わらない．

したがって，特にコンクリートの質量を厳密に規定する場合のほかは，BFSを使用する普通コンクリートの場合の気乾単位容積質量は，一般のコンクリートと同様としてよい．

なお，軽量コンクリートの場合は，信頼できる資料または試験による値とするが，BFSを単独使用するコンクリートについては，JASS 5の14.5項に規定される（14.1）式を用いて気乾単位容積質量の推定値 W_d を求め，それよりやや大きめの値を採用すればよい．

3.5 ヤング係数

a．高炉スラグ細骨材を使用するコンクリートのヤング係数の予測値は，(3.1)式および(3.2)式を基に求めることができる．

　　コンクリートの圧縮強度が 36 N/mm² 以下の場合
$$E = 21.0 \times k_1 \times k_1' \times k_2 \times (\gamma/2.3)^{1.5} \times (\sigma_B/20)^{0.5} \tag{3.1}$$
　　コンクリートの圧縮強度が 36 N/mm² を超える場合
$$E = 33.5 \times k_1 \times k_1' \times k_2 \times (\gamma/2.4)^2 \times (\sigma_B/60)^{1/3} \tag{3.2}$$
　　ここに，E：コンクリートのヤング係数（kN/mm²）
　　　　　　γ：コンクリートの気乾単位容積質量（t/m³）
　　　　　　σ_B：コンクリートの圧縮強度（N/mm²）
　　　　　　k_1：粗骨材による係数
　　　　　　k_1'：細骨材による係数
　　　　　　k_2：混和材による係数

b．(3.1)式および(3.2)式の係数は，信頼できる資料または試験によって求める．ただし，高炉スラグ細骨材を単独使用するコンクリートの k_1'（細骨材による係数）は，1.10としてよい．

a．b． BFSを使用したコンクリートの圧縮強度とヤング係数の関係は，解説図3.2に示すように，コンクリートの圧縮強度（30～120 N/mm²）にかかわらず，JASS 5に示される式（RC構造計算規準式）によって推定できる[2]．

一方，ほぼ同程度の圧縮強度を有するBFSを使用したコンクリートのヤング係数は，一般のコンクリートと比較して高くなることが知られている．BFSを使用するコンクリートのヤング係数の予測値は，(3.1)式および(3.2)式を基に求めることができる．本式は，普通細骨材（砕砂，砂などの天然骨材）を用いることを標準としているが，この式において，BFSを使用する場合の効果は k_1' として評価することができる．

(3.1)式および(3.2)式の係数は，信頼できる資料または試験によって求める．既往の文献[3]によると，BFSを単独で使用する場合は $k_1'=1.10$，BFSを混合使用する場合（混合率50%）は $k_1'=1.06$ となることが示されている．したがって，BFSを単独で使用するコンクリートのヤング係数は，一般のコンクリートの1.10倍程度と考えてよい．

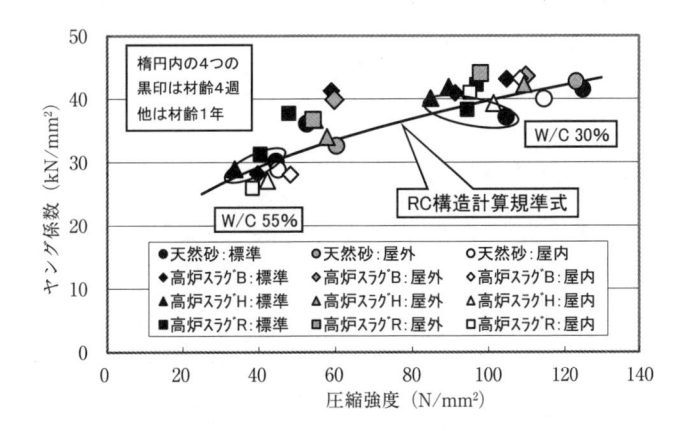

解説図 3.2　BFSを使用したコンクリートの圧縮強度とヤング係数の関係[2]

なお，BFSをさまざまな比率で混合使用したり，単独使用した場合，同一スランプを得るための調合条件を大きく変更せざるをえない場合がある．このような場合におけるコンクリートのヤング係数の予測値は，信頼できる資料または試験によって求めるとよい．

3.6 乾燥収縮率

---

a．高炉スラグ細骨材を使用するコンクリートの乾燥収縮率の予測値は，(3.3)式を基に求めることができる．

$$\varepsilon_{sh}(t, t_0) = k \cdot t_0^{-0.08} \cdot \left\{1 - \left(\frac{h}{100}\right)^3\right\} \cdot \left(\frac{(t-t_0)}{\alpha + (t-t_0)}\right)^\beta \tag{3.3}$$

$$k = (11 \cdot W - 1.0 \cdot C - 0.82 \cdot G + 404) \cdot \gamma_1 \cdot \gamma_1' \cdot \gamma_2 \cdot \gamma_3$$

ここに，　$\varepsilon_{sh}(t, t_0)$：乾燥日数 t 日の収縮率（$\times 10^{-6}$）
　　　　　　t：乾燥日数 t 日（日）
　　　　　　t_0：乾燥開始材齢（日）
　　　　　　h：相対湿度（%）
　　　　　　W：単位水量（kg/m^3）
　　　　　　C：単位セメント量（kg/m^3）
　　　　　　G：単位粗骨材量（kg/m^3）
　　　　　　γ_1：粗骨材の種類の影響を表す係数
　　　　　　γ_1'：細骨材の種類の影響を表す係数
　　　　　　γ_2：セメントの種類の影響を表す係数
　　　　　　γ_3：混和材の種類の影響を表す係数
　　　　　　α, β：乾燥の進行度を表す係数

b．(3.3)式の係数は，信頼できる資料または試験によって求める．ただし，高炉スラグ細骨材を単独使用するコンクリートの γ_1'（細骨材の種類の影響を表す係数）は，0.85としてよい．

---

　a．b．本会「鉄筋コンクリート造建築物の収縮ひび割れ制御設計・施工指針（案）・同解説」[4]では，コンクリートの乾燥収縮率の予測式が提案されている．本式は，普通細骨材（砕砂，砂などの天然骨材）を用いることを標準としているが，この式において，BFSを使用する場合の効果を γ_1' として評価できるようにしたものが(3.3)式である．この(3.3)式中の γ_1' は，信頼できる資料または試験によって求めるとよい．なお，乾燥収縮率の経時変化に影響を及ぼす係数 α および β は，供試体体積 V（mm^3）を乾燥を受ける表面積 S（mm^2）で除した体積面積比 V/S（mm）の関数として，(解3.1)式および(解3.2)式で表すことができる．

$$\alpha = 0.16 \cdot (V/S)^{1.8} \tag{解3.1}$$

$$\beta = 1.4 \cdot (V/S)^{-0.18} \tag{解3.2}$$

　解説図3.3は，BFSおよび川砂を使用したコンクリートの乾燥収縮率について，実測値と(3.3)式（文献では補正式）を用いて算出した予測値の関係を示した一例[5]である．なお，図中の記号［SH］および［SR］はBFSを，また，［KO］および［KK］は川砂を使用したコンクリートを示す．解説図3.3によると，BFSおよび天然砂を使用したコンクリートともに，(3.3)式によって求めた乾燥収縮率の予測値は，実測値とよく対応していることがわかる．

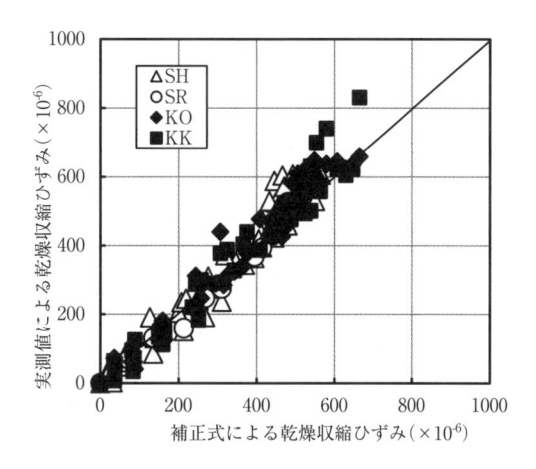

解説図 3.3 乾燥収縮率の実測値と予測値との関係[5]

　セメントや粗骨材などの使用材料を全面的に変更する場合は，調合条件が大きく変化するため，類似のコンクリートのデータがないときには，試験によって乾燥収縮率を求める必要がある．一方，他の材料を同一とし，細骨材だけをBFSに変更する場合は，5.6節に後述するように，BFS混合率に伴って単位水量を2〜10%増加させる必要がある．この程度の調合条件の変更に際しては，(3.3)式を用いて乾燥収縮率の予測値を求めるとよい．

　なお，BFSを使用したコンクリートの乾燥収縮率は，一般のコンクリートよりも小さくなることが指摘されている[6],[7],[8]．桝田ら[9]によると，一般的な調合条件において，BFSを単独で使用したコンクリートの乾燥収縮率は，一般のコンクリートの0.85倍程度であることが示されており，BFSを単独で使用する場合の乾燥収縮率の目安として，この倍率を用いてもよい．

3.7　コンクリートの許容応力度

> 　高炉スラグ細骨材を使用するコンクリートの許容応力度は，本会「鉄筋コンクリート構造計算規準」による．

　BFSを単独使用するコンクリートの種々の力学的性質，つまり強度特性・荷重―変形特性・破壊性状・クリープなどは，一般のコンクリートとほぼ同じと見なすことができる．

　BFSを使用するコンクリートの圧縮・せん断・付着特性，さらに引張り・曲げ特性については，一般のコンクリートとほとんど同じであることが実験的に確かめられている．例えば，水砕砂および川砂を使用した鉄筋コンクリート梁の曲げせん断試験の結果においても，BFSを使用したコンクリートは，一般のコンクリートに比べて同等ないしは，同等以上の性能を有するとされている[10]．また，本章の3.5節に示すように，BFSを単独使用するコンクリートのヤング係数については，一般のコンクリートと比較して約1割程度大きい値となる．

　BFSを使用するコンクリートの許容応力度は，一般のコンクリートと同様である．建築基準法施行令第91条ではコンクリートの許容応力度を解説表3.4のように定めており，BFSを使用する

コンクリートについてもこれに従えばよい．

解説表 3.4　コンクリートの許容応力度（建築基準法施行令第 91 条による）

長期に生ずる力に対する許容応力度 （単位　N/mm²）				短期に生ずる力に対する許容応力度 （単位　N/mm²）			
圧縮	引張り	せん断	付着	圧縮	引張り	せん断	付着
$F/3$	$F/30$（F が 21 を超えるコンクリートについて，国土交通大臣がこれと異なる数値を定めた場合は，その定めた数値．）		0.7（軽量骨材を使用するものにあっては，0.6）	長期に生ずる力に対する圧縮，引張り，せん断又は付着の許容応力度のそれぞれの数値の 2 倍（F が 21 を超えるコンクリートの引張り及びせん断について，国土交通大臣がこれと異なる数値を定めた場合は，その定めた数値）とする．			

この表において，F は，設計基準強度（単位　N/mm²）を表すものとする．

3.8　耐久性を確保するための規定

> 高炉スラグ細骨材を使用するコンクリートの耐久性を確保するための規定は，JASS 5 の 3 節による．

　BFS を使用するコンクリートに要求される品質は，一般のコンクリートに要求される品質と変わることはない．そのため，BFS を使用するコンクリートの耐久性を確保するための規定は，JASS 5 の 3.9 項によることとした．

　BFS の主な混合目的は，粒度調整，海砂に含まれる塩化物量の低減および山砂などに含まれるシルト・粘土塊量の低減等が考えられる．BFS は，製造工程において圧力水により急冷破砕されるが，その水は海水を使用しないため，BFS に含まれる塩化物量は少ない．BFS 単独および混合使用する場合においても，細骨材に含まれる塩化物量（NaCl）は，原則として細骨材の全体の質量に対して 0.04％以下でなければならないが，一般には，この値を十分に満足する．

　BFS は，アルカリシリカ反応性が極めて低い（アルカリシリカ反応性はない）と判断される．また，BFS の混合使用に伴いモルタル膨張率は低下する傾向が認められる．しかし，アルカリシリカ反応抑制効果の程度は小さく，BFS の混合使用による反応抑制効果は期待できない[1]．

　BFS を使用したコンクリートの中性化速度は，川砂を用いるコンクリートより多少遅いか同程度であることが，促進および屋外暴露による中性化試験によって確かめられている[11]．また，BFS を単独使用した場合も，天然砂を使用するコンクリートより遅いことが，促進中性化試験によって確かめられている[1]．

3.9　激しい凍結融解作用を受ける部位に適用する場合の配慮

> 高炉スラグ細骨材を使用するコンクリートを激しい凍結融解作用を受ける部位に適用する場合は，JIS A 6204（コンクリート用化学混和剤）に適合する AE 剤，AE 減水剤または高性能 AE 減水剤を用い，凍結融解作用に対する所要の抵抗性が得られることを信頼できる資料または試験によって確認する．

JASS5の一般仕様のコンクリートは，JASS5の4節および5節で材料・調合の制限，空気量などが規定されており，凍結融解作用に対する基本的な対策が講じられている．このため，BFSを使用するコンクリートを寒冷地で使用する場合であっても，JASS5の26節「凍結融解作用を受けるコンクリート」を必ずしも適用する必要はない．金属笠木，仕上材などによって凍害弱点部の補強を行うことによって一般仕様のコンクリートとすることができる．また，住宅の品質確保の促進等に関する法律（平成11年法律第81号）および日本住宅性能表示基準（平成12年建設省告示第1652号および第1654号）に基づき，鉄筋コンクリート造等の住宅に劣化対策等級を適用する場合，凍結融解作用に対する対策としての主要な規定は，所要の空気量の確保であり，BFSを使用するコンクリートは，一般のコンクリートと同様に取り扱うことができる．

　BFSを使用するコンクリートを激しい凍結融解作用を受ける部位に適用する場合はJASS5の26節によるが，基本的な対応は一般のコンクリートと同様である．JASS5の26節の規定の主要なものを次に示す．

1) 凍結融解試験（JIS A 1148 A法）で300サイクルにおける相対動弾性係数は，特記による．特記のない場合は，85％以上とする．
2) コンクリートはAEコンクリートとし，空気量の下限値は4％以上とする．ただし，品質基準強度が36 N/mm^{2}を超える場合は，空気量の下限値を3％とすることができる．
3) 水平面での凍害が想定される場合，ブリーディング量は0.3 cm^3/cm^{2}以下とする．

　規定されている品質は，試験で確認することとなるが，1)および3)については，類似のコンクリートのデータがある場合，試験を省略することができる．また，2)についてはBFSを使用するコンクリートでも品質基準強度が36 N/mm^{2}を超える場合は，目標空気量が3.5％程度でも優れた耐凍害性を示すことが報告[1]されており，一般のコンクリートと同様の取扱いが可能である．

　しかし，BFSを使用するコンクリートは，気泡を巻き込みやすく，単位水量やブリーディング量が増加する傾向があり，それらを考慮したさまざまな配慮が必要となる．特に，コンクリートの耐凍害性を向上させるためには，AE剤などの化学混和剤の使用が不可欠である．また，化学混和剤の種類によっては気泡組織が粗大になる場合もあり，使用材料との組合せも考慮して化学混和剤を選定する必要がある．

　以下にBFSを使用するコンクリートの凍害に関連する特徴，注意事項などについて解説する．

（1）エントラップトエアの増大

　解説図3.4に空気量と気泡間隔係数の関係を示す．この図より，BFSコンクリートの気泡間隔係数は一般的なコンクリートの値よりも大きくなる傾向があることがわかる．これは，BFSの表面形状によってコンクリート練混ぜ時にエントラップトエアが入りやすいためである．特に，混合率が50％以上の場合にはこの傾向が著しく，注意が必要である．

　このため，BFSを使用するコンクリートの場合，解説図3.5に示すように，4％程度の空気量で85％以上の耐久性指数を示すものがある一方で，4％以上の空気量を確保したコンクリートでも耐久性指数が低くなる場合がある．この図のデータを用い，横軸を気泡間隔係数とした解説図3.6を見ると，気泡間隔係数を250μm程度以下とすることによって，耐久性指数85％を満足できること

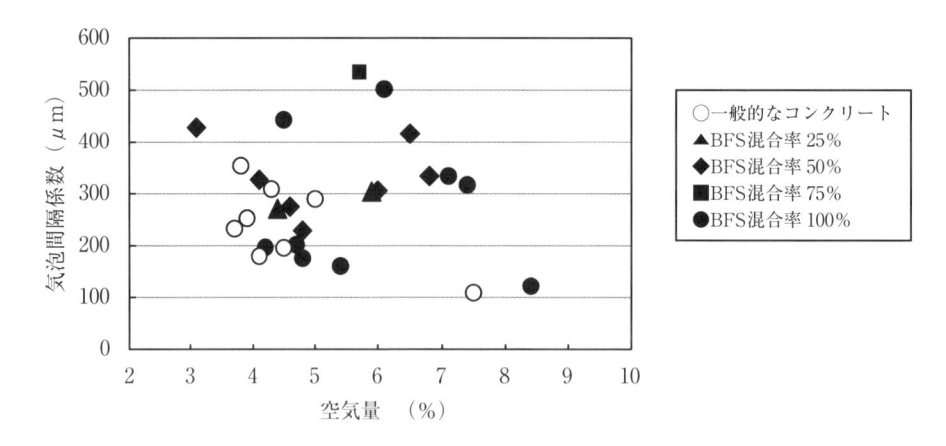

解説図 3.4 空気量と気泡間隔係数の関係（文献[12)-14)]のデータを基に作図）

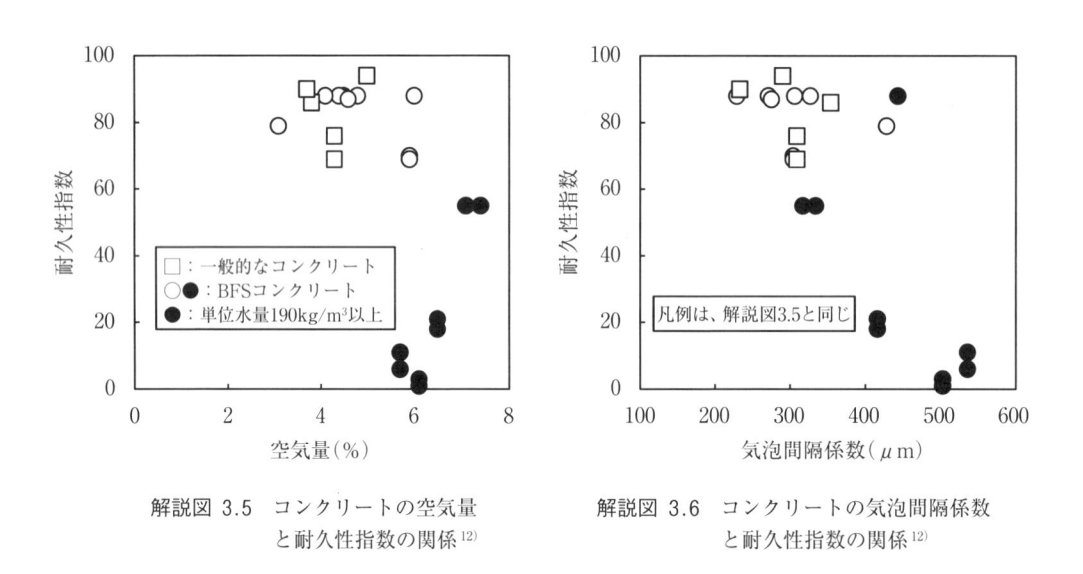

解説図 3.5 コンクリートの空気量と耐久性指数の関係[12)]

解説図 3.6 コンクリートの気泡間隔係数と耐久性指数の関係[12)]

がわかる．したがって，空気量の確保だけでなく，微細な気泡組織となるように化学混和剤を選定する必要がある．なお，これらの図で耐久性指数が著しく小さいものもあるが，これらは単位水量が190 kg/m³以上のものである．BFSを使用するコンクリートでは，単位水量が大きくなる傾向があるが，耐凍害性の面からもJASS 5で規定される185 kg/m³の値を満足させる必要がある．

（2）ブリーディング量の増加

解説図3.7にBFS混合率とブリーディング量の関係を示す．BFS混合率が大きくなると，ブリーディング量が増大する傾向が認められる．JASS 5の26節では，水平面での凍害が予想される場合，ブリーディング量を0.3 cm³/cm²以下とすることが規定されている．これは，解説図3.8に示すようにブリーディング量が多くなるほどスケーリング量（推定質量減少量）が多くなり，特に部材上部や水平面のスケーリング量が大きくなるためである．ブリーディングは，砂すじなどの問題も生じさせるため，使用部位・条件によってはブリーディングの低減対策を行う必要がある．ブリ

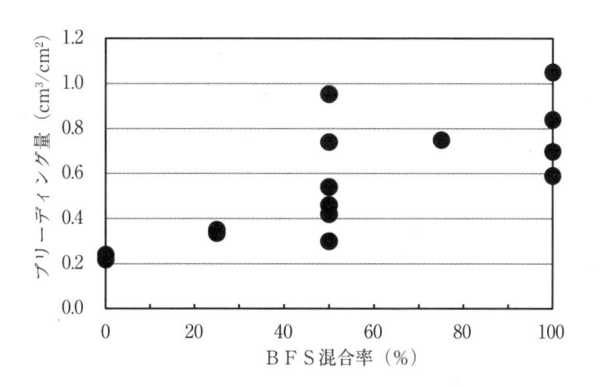

解説図 3.7 BFS混合率とブリーディング量の関係（文献[12)-14)]のデータを基に作図）

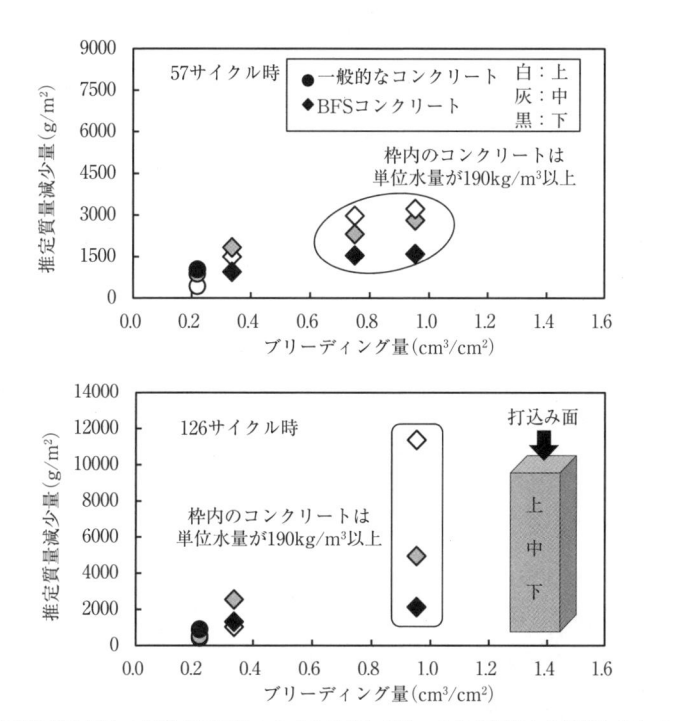

推定質量減少量[15)]：試験体にアルミホイルを押し付け，この光沢度から推定したもの

解説図 3.8 ブリーディング量と推定質量減少量の関係[14)]

ーディングの低減対策としては，単位水量の低減，骨材中の微粒分量の増大，ブリーディング低減効果のある混和剤の使用などが効果的である．

なお，ブリーディング量が多くなると，いったん形成された空気泡がブリーディングによって破泡や合泡して大きな気泡となることが報告[16)]されている．解説図3.9にブリーディング量と気泡間隔係数の関係を示す．気泡間隔係数には，材料と調合が大きく影響するが，ブリーディング量が大きくなると気泡間隔係数が大きくなる傾向がある．BFSを使用するコンクリートの耐凍害性を確保するためには，ブリーディングについても検討することが望ましい．

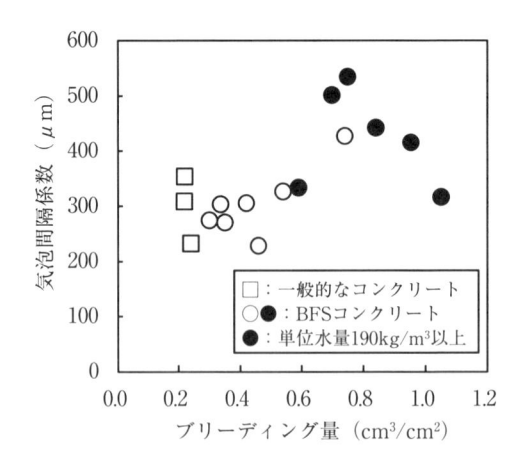

解説図 3.9 ブリーディング量と気泡間隔係数の関係[12]

3.10 特に高い水密性が要求される部位に適用する場合の配慮

> 高炉スラグ細骨材を使用するコンクリートを特に高い水密性や漏水に対する抵抗性が要求される部位に適用する場合は，JASS 5 の 23 節によるとともに，材料分離が生じないことを信頼できる資料または試験によって確認する．

BFS を使用するコンクリートを高い水密性や漏水に対する抵抗性が要求される部位に適用する場合の基本は，JASS 5 の 23 節によることとする．

なお，BFS を単独使用する場合には，水セメント比を一定にした場合，同じワーカビリティーを得るための単位水量が増加する傾向にあり，一般に，ブリーディングも増加する傾向にある．

そのため，高い水密性が要求される部位に BFS を使用するコンクリートを用いる場合，特に，コンクリートの透水性を低減して水密性を確保する場合には，以下のような留意が必要である．

（1） ブリーディング量を，$0.3\,\mathrm{cm}^3/\mathrm{cm}^2$ 以下とする．
（2） コンクリートの乾燥収縮率を，8×10^{-4} 以下とする．
（3） 空気量を，必要な凍結融解抵抗性が得られる範囲で小さくする．

参 考 文 献

1) 日本建築学会：高炉スラグ細骨材を用いるコンクリートの施工についての調査研究（その 3）報告書，2012.3
2) 鹿毛忠継ほか：高炉スラグ細骨材を使用したコンクリートの長期性状に関する実験，日本建築学会大会学術講演梗概集 A-1，pp. 265-266，2012.9
3) 石　東昇：高炉スラグ細骨材を使用した高強度コンクリートの力学特性および調合設計法に関する研究（宇都宮大学博士号論文），2011.9
4) 日本建築学会：鉄筋コンクリート造建築物の収縮ひび割れ制御設計・施工指針（案）・同解説，2006
5) 泉田裕介，桝田佳寛ほか：高炉スラグ細骨材を用いたコンクリートの乾燥収縮に関する研究，コンクリート工学年次論文集，Vol. 34，No. 1，pp. 394-399，2012
6) 渡邉詩穂子，濱　幸雄，柴田純夫，松下文明：スラグ系細骨材を用いたモルタルの乾燥収縮，日本建築学会大会学術講演梗概集 A-1，pp. 907-908，2010.8
7) 清原千鶴ほか：高炉スラグ細骨材を用いたコンクリートの乾燥収縮特性に及ぼす骨材比表面積の影響，日

本建築学会大会学術講演梗概集 A-1, pp. 275-276, 2012.9
8) 真野孝次ほか:高炉スラグ細骨材を使用したコンクリートの乾燥収縮に関する実験, 日本建築学会大会学術講演梗概集 A-1, pp. 267-268, 2012.9
9) 泉田裕介, 桝田佳寛ほか:高炉スラグ細骨材を用いたコンクリートの乾燥収縮特性に関する研究, 日本建築学会大会学術講演梗概集 A-1, pp. 437-438, 2011.8
10) 日本鉄鋼連盟:コンクリート用水砕スラグ細骨材の使用規準の作成に関する研究報告書, 昭和52年度建設省建設技術研究補助金研究, 1977.3
11) 日本鉄鋼連盟:コンクリート用高炉スラグ細骨材標準化に関する研究, コンクリート用高炉スラグ細骨材標準化研究委員会, 1979.6
12) 山崎 舞ほか:高炉スラグ細骨材を用いたコンクリートの耐凍害性におよぼすブリーディングの影響(その2 WG全実験シリーズデータの総合的検討), 日本建築学会大会学術講演講梗概集 A-1, pp. 529-530, 2012.9
13) 日本鉄鋼連盟コンクリート用高炉スラグ細骨材標準化研究委員会:コンクリート用高炉スラグ細骨材標準化に関する研究報告書(その1), 1980.6
14) 西田卓矢ほか:高炉スラグ細骨材を用いたコンクリートの耐凍害性におよぼすブリーディングの影響(その1 縦打ち・横打ち試験体の劣化状況), 日本建築学会大会学術講演梗概集 A-1, pp. 527-528, 2012.9
15) 長谷川拓哉ほか:光沢度計によるスケーリング測定手法の検討, 日本建築学会北海道支部研究報告論文集, No.82, pp. 1-4, 2009.
16) 坂田 昇ほか:中庸熱フライアッシュセメントを用いたコンクリートの耐凍害性に及ぼす凝結過程の空気量変化の影響, コンクリート工学論文集, No. 22, Vol. 3, pp. 47-57, 2011

4章 コンクリートの材料

4.1 セメント

> セメントは，JASS 5 の 4 節による．

セメントについては，一般のコンクリートと同様，JASS 5 の 4.2 項の規定に適合するものを用いる．

具体的には，JIS R 5210（ポルトランドセメント），JIS R 5211（高炉セメント），JIS R 5212（シリカセメント）または JIS R 5213（フライアッシュセメント）に適合するセメントとする．

4.2 細 骨 材

> a．高炉スラグ細骨材は，JIS A 5011-1（コンクリート用スラグ骨材−第1部：高炉スラグ骨材）に適合するものとする．
> b．高炉スラグ細骨材以外の細骨材は，JASS 5 の 4 節による．
> c．混合砂は，混合前の高炉スラグ細骨材の品質が JIS A 5011-1（コンクリート用スラグ骨材−第1部：高炉スラグ骨材）に適合し，混合前の高炉スラグ細骨材以外の細骨材の粒度分布および塩化物量以外の品質が JASS 5 の 4 節に適合するものとする．また，粒度分布および塩化物量については，混合後の品質が JASS 5 の 4 節に適合するものとする．

a．BFS は，JIS A 5011-1（コンクリート用スラグ骨材−第1部：高炉スラグ骨材）に適合するものを用いる．ただし，5〜0.3 mm の BFS（BFS5-0.3）は，他の細骨材と混合して使用することを目的とした製品であるため，BFS5-0.3 を単独で使用することはできない．

なお，JIS A 5011-1 は，2013 年に予定される改正で，BFS の吸水率の規格値がこれまでより厳しく規定されるとともに，微粒分量に関する規定および環境安全品質基準などが新たに規定される．

JIS A 5011-1 の 2013 年版[1]に規定される BFS の粒度による区分および主な品質を以下に示す．

［粒度による区分］

BFS の粒度による区分を解説表 4.1 に示す．

解説表 4.1 BFS の粒度による区分

区 分	粒の大きさの範囲 mm	記 号
5 mm 高炉スラグ細骨材	5 以下	BFS5
2.5 mm 高炉スラグ細骨材	2.5 以下	BFS2.5
1.2 mm 高炉スラグ細骨材	1.2 以下	BFS1.2
5〜0.3 mm 高炉スラグ細骨材	5〜0.3	BFS5-0.3

[化学成分および物理的性質]

BFS に要求される化学成分および物理的性質に関する規格値を解説表 4.2 に示す.

解説表 4.2 BFS に要求される化学成分および物理的性質

	項　　目		規格値
化 学 成 分	酸化カルシウム（CaO として）	%	45.0 以下
	全硫黄（S として）	%	2.0 以下
	三酸化硫黄（SO_3 として）	%	0.5 以下
	全鉄（FeO として）	%	3.0 以下
絶 乾 密 度		g/cm^3	2.5 以上
吸 水 率		%	3.0 以下
単位容積質量		kg/l	1.45 以上

[粒度]

BFS の粒度に関する規定を解説表 4.3 に示す.

解説表 4.3 BFS の粒度に関する規定

区　　分	ふるいを通るものの質量分率　%						
	ふるいの呼び寸法[a]　mm						
	10	5	2.5	1.2	0.6	0.3	0.15
5 mm　高炉スラグ細骨材	100	90～100	80～100	50～90	25～65	10～35	2～15
2.5 mm　高炉スラグ細骨材	100	95～100	85～100	60～95	30～70	10～45	2～20
1.2 mm　高炉スラグ細骨材	—	100	95～100	80～100	35～80	15～50	2～20
5～0.3 mm　高炉スラグ細骨材	100	95～100	65～100	10～70	0～40	0～15	0～10

[注] (a)　ふるいの呼び寸法は，それぞれ JIS Z 8801-1 に規定するふるいの公称目開き 9.5 mm，4.75 mm，2.36 mm，1.18 mm，600 μm，300 μm および 150 μm である.

[粗粒率]

BFS の粗粒率は，製造業者と購入者が協議によって定めた粗粒率に対して ±0.20 の範囲のものでなければならない.

[微粒分量]

BFS の微粒分量は次による.

1) BFS の微粒分量は，2) に定める許容差の範囲内でばらつきが生じても 7.0% を超えないように，製造業者と購入者が協議によって定める.
2) BFS の微粒分量の許容差は，1) で定めた協議値に対して ±2.0% とする.

[高気温時における貯蔵の安定性]

BFS の高気温時における貯蔵の安定性は，受渡当事者間の協定によって確認する.

[環境安全品質基準]

BFSの環境安全品質基準を解説表4.4，4.5に示す．

解説表4.4 一般用途の場合の環境安全品質基準

項　目	溶出量　mg/l	含有量[a]　mg/kg
カドミウム	0.01　以下	150　以下
鉛	0.01　以下	150　以下
六価クロム	0.05　以下	250　以下
ひ素	0.01　以下	150　以下
水銀	0.0005　以下	15　以下
セレン	0.01　以下	150　以下
ふっ素	0.8　以下	4000　以下
ほう素	1　以下	4000　以下

[注]（a）ここでいう含有量とは，同語が一般的に意味する"全含有量"とは異なることに注意を要する．

解説表4.5 港湾用途の場合の環境安全品質基準

項　目	溶出量　mg/l
カドミウム	0.03　以下
鉛	0.03　以下
六価クロム	0.15　以下
ひ素	0.03　以下
水銀	0.0015　以下
セレン	0.03　以下
ふっ素	15　以下
ほう素	20　以下

BFSは，化学的に安定しており，アルカリシリカ反応を生ずるおそれのない骨材である．したがって，JIS A 5011-1には，アルカリシリカ反応性による区分に関する規定がなく，BFSは試験によって反応性を確認することなく"無害"な骨材と見なして取り扱うことができる．

解説表4.6は，代表的なBFSについて実施した化学法によるアルカリシリカ反応性試験結果の一例[2]である．この表に示すように，BFSからは溶解シリカ（Sc）がほとんど検出されず，アルカリシリカ反応性は"無害"と判定される．

なお，本会の高炉スラグ細骨材ワーキンググループにおける実験結果[2]によると，BFSには，高炉スラグ微粉末が有するアルカリシリカ反応を抑制する効果は期待できない．

解説表 4.6　BFSのアルカリシリカ反応性試験結果（化学法）[2]

BFSの銘柄	化学法試験結果			物理試験結果		
	Sc (mmol/l)	Rc (mmol/l)	判　定	粗粒率	絶乾密度 (g/cm^3)	吸水率 (％)
B	1	14	無害	2.51	2.75	0.74
H	0	16	無害	2.57	2.67	0.67
R	1	55	無害	2.38	2.52	2.45

b．BFS以外の細骨材は，砂や砕砂などの普通細骨材を使用する場合と同様にJASS 5の4.3項の規定に適合するものを用いる．

具体的には，JASS 5の4.3項に適合する砂，JIS A 5005（コンクリート用砕石及び砕砂）に適合する砕砂，JIS A 5011（コンクリート用スラグ骨材）に適合するスラグ細骨材，JIS A 5021（コンクリート用再生骨材H）に適合する再生細骨材Hとする．

c．BFSは粒度分布（粗粒率）が安定し，塩化物量やその他の不純物を含まないことが1つの特徴であり，砂や砕砂などの普通細骨材の粒度調整，塩化物量やその他の不純物の含有率の低減などを目的として，砂や砕砂などの普通細骨材と混合して使用される場合が多い．

混合砂に使用するBFSは，粒度分布を含め，JIS A 5011-1に適合するものに限定した．一方，混合砂に使用するBFS以外の細骨材は，粒度分布および塩化物量以外の品質がb項の規定に適合すればよい．ただし，粒度分布および塩化物量については，混合後の品質がb項の規定に適合する必要がある．

JIS A 5308（レディーミクストコンクリート）附属書A（規定）（レディーミクストコンクリート用骨材）では，「同一種類の骨材を混合して使用する場合」と「異種類の骨材を混合して使用する場合」に区分して，それぞれ品質基準を定めている．本指針では，混合砂はすべて，「異種類の骨材を混合して使用する場合」に相当すると判断した．これは，JIS A 5308の附属書Aによると，BFSと他のスラグ細骨材との混合砂（例えば，BFSとフェロニッケルスラグ細骨材の混合砂）は，「同一種類の骨材を混合して使用する場合」と判断されるが，スラグ細骨材は，その種類によって品質規格が異なるため，当然，品質管理方法（適否の判定基準ほか）も異なると考えたからである．

4.3　粗　骨　材

粗骨材は，JASS 5の4節による．

粗骨材については，一般のコンクリートと同様，JASS 5の4.3項の規定に適合するものを用いる．

具体的には，JASS 5の4.3項に適合する砂利，JIS A 5005に適合する砕石，JIS A 5011に適合するスラグ粗骨材，JIS A 5021に適合する再生粗骨材H，またはこれらを混合したものとする．

なお，軽量骨材については，JASS 5 の 14.4 項に適合する人工軽量粗骨材とする．

4.4 練混ぜ水

> 練混ぜ水は，JASS 5 の 4 節による．

練混ぜ水については，一般のコンクリートと同様，JASS 5 の 4.4 項の規定に適合するものを用いる．

具体的には，JIS A 5308 附属書 C（規定）（レディーミクストコンクリートの練混ぜに用いる水）に適合する，上水道水，上水道水以外の水および回収水とする．ただし，計画供用期間の級が長期および超長期の場合は，回収水を用いてはならない．

4.5 混和材料

> 混和材料は，JASS 5 の 4 節による．

混和材料については，一般のコンクリートと同様，JASS 5 の 4.5 項の規定に適合するものを用いる．

具体的には，JIS A 6204（コンクリート用化学混和剤），JIS A 6205（鉄筋コンクリート用防せい剤），JASS 5 M-402（コンクリート用収縮低減剤の性能判定基準）に適合する混和剤，JIS A 6201（コンクリート用フライアッシュ），JIS A 6202（コンクリート用膨張材），JIS A 6206（コンクリート用高炉スラグ微粉末），JIS A 6207（コンクリート用シリカフューム），JASS 5 M-403（コンクリート用低添加型膨張材の品質基準）に適合する混和材とする．

参 考 文 献
1) JIS A 5011-1：2013（コンクリート用スラグ骨材 – 第 1 部：高炉スラグ骨材）
2) 日本建築学会：高炉スラグ細骨材を用いるコンクリート施工についての調査研究（その 3）報告書，2012.3

5章 調 合

5.1 総 則

> a．高炉スラグ細骨材を使用するコンクリートの計画調合は，所要のワーカビリティー，強度および耐久性が得られ，3章に示すその他の必要な性能が得られるように定める．
> b．計画調合は，原則として試し練りを行って定める．

　本章では，BFSを使用するコンクリートの調合を定める場合の基本的な事項および特に考慮すべき事項を示すが，調合の計画や計画調合を定めるための条件など，詳細についてはJASS 5および本会「コンクリートの調合設計指針・同解説」（以下，調合指針という）を参照されたい．BFSは，以下に述べるように，製造所や製造時期等の違いによる品質の差はあるものの，その差は単位水量や単位粗骨材量以外の項目の定め方にあまり影響を及ぼさないため，ここではそれらに対応するJASS 5の規定または調合指針の規定に準じることとした．

　a．コンクリートの計画調合を定める場合の基本原則は，BFSを使用するコンクリートにおいても一般のコンクリートと変わりはない．すなわち，コンクリートは型枠中で分離を起こさず，密実に打ち込むことができるような良いワーカビリティーをもち，必要な強度と耐久性が得られるものでなければならない．また，特殊な条件下で用いられるコンクリートでは，その条件に応じて要求される性能が得られるように調合を定めなければならない．

　BFSを使用するコンクリートにあっては，一般にエントラップトエアやブリーディングが多くなる傾向にあり，特に，ブリーディングが多くならないように材料の選定と単位水量および単位粗骨材量の設定に注意する必要がある．

　コンクリートの強度・耐久性に最も影響を及ぼす調合上の条件は，水セメント比と単位水量であり，これはBFSを使用するコンクリートの場合も同様である．したがって，BFSを使用するコンクリートにおいても，強度・耐久性の点から必要な水セメント比をもち，良いワーカビリティーが得られる範囲内で，単位水量をできるだけ少なくすることが調合を定める場合の基本となる．

　b．BFSは，一定の品質基準を満足するように製造されているが，スラグが製造される製鉄所の違いによって，その品質には差があり，同一製鉄所の製品であっても，製造時期などによって多少の品質の変化がある．したがって，BFSを使用するコンクリートでは工事に使用する材料を用い，実際の使用条件になるべく近い条件で試し練りを行って調合を定めることが大切である．なお，レディーミクストコンクリートによる場合，その工場がBFSを使用するコンクリートの製造実績を十分にもっている場合には，試し練りを省略することもできる．

　試し練りは，水セメント比（セメント水比）と圧縮強度の関係を知るために行う場合と，計算によって求めた調合が適切であるかを確認するために行う場合とがあるが，この場合，本会「調合指針」

に示す単位水量や単位粗骨材かさ容積の標準値などにより，試し練りの調合を定めると便利である．
　また，レディーミクストコンクリートにおける運搬中のスランプや空気量の変化，コンクリートポンプ工法における圧送による品質の変化，気温の影響による品質の変化などを考慮することも必要である．BFSを使用するコンクリートは，川砂やその他の天然の砂を用いたコンクリートと比較してエントラップトエアを連行しやすい．このためコンクリートの運搬や圧送において，川砂やその他の天然の砂を用いたコンクリートなどとは，品質変化の程度がやや異なるおそれがあるので，練混ぜ後の品質の変化などについても，試し練りの段階で検討しておくとよい．

5.2　調合管理強度および調合強度

a．高炉スラグ細骨材を使用するコンクリートの調合管理強度は，(5.1)式を満足するように定める．

$$F_m = F_q + {}_mS_n \tag{5.1}$$

　　　ここに，F_m：コンクリートの調合管理強度（N/mm²）
　　　　　　　F_q：コンクリートの品質基準強度（N/mm²）
　　　　　　　${}_mS_n$：標準養生供試体の材齢 m 日における圧縮強度と構造体コンクリートの材齢 n 日における圧縮強度との差による構造体強度補正値（N/mm²）．ただし，${}_mS_n$ は0以上の値とする．

b．高炉スラグ細骨材を使用するコンクリートの調合強度は，標準養生した供試体の材齢 m 日の圧縮強度で表し，(5.2)および(5.3)式を満足するように定める．

$$F \geqq F_m + 1.73\sigma \tag{5.2}$$
$$F \geqq 0.85 F_m + 3\sigma \tag{5.3}$$

　　　ここに，F：コンクリートの調合強度（N/mm²）
　　　　　　　F_m：コンクリートの調合管理強度（N/mm²）
　　　　　　　σ：コンクリートの圧縮強度の標準偏差（N/mm²）

c．構造体強度補正値（${}_mS_n$）は，JASS 5 の 5 節によるほか，信頼できる資料または試験をもとに定める．

d．コンクリートの圧縮強度の標準偏差は，レディーミクストコンクリート工場で高炉スラグ細骨材を使用するコンクリートについての実績がある場合は，その実績に基づいて定める．実績がない場合は，2.5 N/mm² または $0.1F_m$ の大きい方の値とする．

e．材齢 m 日は，原則として28日とし，材齢 n 日は91日とする．

f．調合強度は，b項によるほか，構造体コンクリートが施工上必要な材齢において，必要な強度を満足するように定める．

　a．b．BFSを使用するコンクリートの調合管理強度および調合強度の定め方は，一般のコンクリートと同様，JASS 5 の考え方でよい．

　c．解説図5.1にBFSを単独使用するコンクリートの各種養生条件下での強度発現性状[1]を示す．なお，図中の数値は，材齢4週に対する圧縮強度比である．

　解説図5.1によると，BFSを使用するコンクリートの圧縮強度は，同一水セメント比の一般のコンクリートより全般的に低い傾向にあるが，材齢4週から材齢1年までの強度発現は，水セメント比や養生条件にかかわらず，一般のコンクリートと同等であるといえる．また，9章に示すように，BFSの混合率を50%とした水セメント比（W/C）20～40%の高強度コンクリートの構造体強度補正値は，川砂を使用するコンクリートより若干小さい[2]ことが示されている．

そのため，普通コンクリートの構造体強度補正値についても，解説表5.1に示すJASS 5における構造体強度補正値 $_{28}S_{91}$ の標準値を用いればよい．

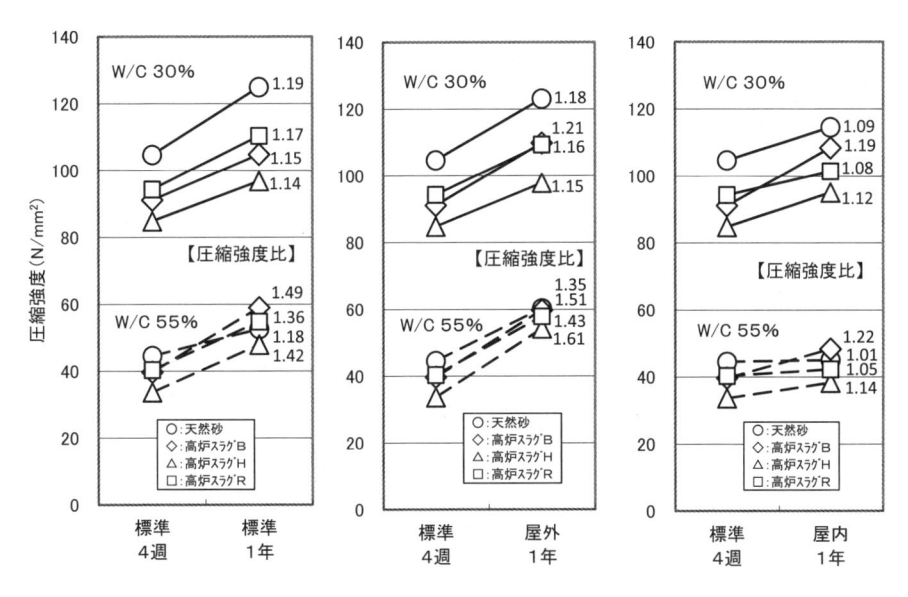

解説図 5.1 各種養生条件下における強度発現性（BFS混合率100%）[1]

解説表5.1 JASS 5（2009年版）における構造体強度補正値 $_{28}S_{91}$ の標準値

セメントの種類	コンクリートの打込みから28日までの期間の予想平均気温 θ の範囲（℃）	
早強ポルトランドセメント	$5 \leq \theta$	$0 \leq \theta < 5$
普通ポルトランドセメント	$8 \leq \theta$	$0 \leq \theta < 8$
中庸熱ポルトランドセメント	$11 \leq \theta$	$0 \leq \theta < 11$
低熱ポルトランドセメント	$14 \leq \theta$	$0 \leq \theta < 14$
フライアッシュセメントB種	$9 \leq \theta$	$0 \leq \theta < 9$
高炉セメントB種	$13 \leq \theta$	$0 \leq \theta < 13$
構造体強度補正値 $_{28}S_{91}$（N/mm²）	3	6

5.3 練上がりスランプ

> 練上がりスランプは，製造場所から荷卸しする場所までの運搬時間および工事現場内での運搬方法による変化を考慮して定める．

ここでいうスランプは，調合を定めるために目標とする値であり，コンクリートの運搬時間のほかに，コンクリートの種類，混和剤の種類，温度などの影響によって，運搬中に変化することを考慮して定めるべきである．したがって，試し練りで確認するコンクリートの目標スランプは，発注するコンクリートの目標値（荷卸し時の所要スランプ）よりも，やや大きめに設定することが望ま

しい.

なお，BFS を使用するコンクリートのスランプの経時変化については，BFS を使用するコンクリートのポンプによる圧送中のスランプの低下も一般のコンクリートと大差ないことが報告[3],[4]されており，一般のコンクリートとほぼ同様と考えてよい.

5.4 練上がり空気量

> 練上がり空気量は，製造場所から荷卸しする場所までの運搬時間および工事現場内での運搬方法による変化を考慮して定める.

ここでいう空気量は，調合を定めるために目標とする値であり，空気量の測定値の許容範囲は，6章による．空気量の経時変化は，一般のコンクリートとほとんど同じであり，ポンプ圧送中の空気量の減少も大差ない．一般に，コンクリート圧送中には，空気量が 0.5～1.0% 程度減少するので，荷下ろし地点における所要の空気量は，目標とする空気量より 0.5～1.0% 程度大きく設定するのがよい.

なお，製造場所から荷卸しする場所までの運搬によっても，空気量は 0.5～1.0% 程度小さくなると考えてよい.

5.5 水セメント比

> a．水セメント比は，表 5.1 に示す水セメント比の最大値以下の値とし，調合強度が得られるように定める.
> b．調合強度を得るための水セメント比は，原則として試し練りを行って定める．ただし，レディーミクストコンクリート工場で高炉スラグ細骨材を使用した実績がある場合は，その実績に基づく関係式を用いてよい.

表5.1 水セメント比の最大値

セメントの種類		各計画供用期間の級における水セメント比の最大値（%）	
		短期・標準・長期	超長期
ポルトランドセメント	早強ポルトランドセメント 普通ポルトランドセメント 中庸熱ポルトランドセメント	65	55
	低熱ポルトランドセメント	60	
混合セメント	高炉セメント A 種 フライアッシュセメント A 種 シリカセメント A 種	65	—
	高炉セメント B 種 フライアッシュセメント B 種 シリカセメント B 種	60	

a．水セメント比の最大値は，一般のコンクリートと同様である．

b．BFSを使用するコンクリートの圧縮強度は，水セメント比との間に一定の関係[5]があり，調合強度を得るための水セメント比は，一般のコンクリートと同様な方法によって定めることができる．すなわち，工事に使用するコンクリートの材料とほぼ同一の材料を用い，実際に使用するコンクリートとスランプ，空気量などの強度以外の性質がほぼ同一となるようにしながら，水セメント比を変化させて試し練りを行い，水セメント比と圧縮強度の関係を求めて，この関係から調合強度が得られる水セメント比を求める．この場合，調合強度を求めることができると思われる水セメント比を想定して，その値を中心に5%程度の間隔で3，4種類の水セメント比を選んで試し練りを行うとよい．ただし，レディーミクストコンクリートの場合は，その工場のデータの中から発注するコンクリートの条件に適合するデータを用いて水セメント比と圧縮強度の関係を求め，データの数が不足すると思われる場合は，試し練りによってデータの数を追加して，調合強度に対応した水セメント比を確認する．データがない場合は，前述のとおり試し練りを行い，水セメント比と圧縮強度の関係を求め，調合強度が得られる水セメント比を求める．

なお，同じ製鉄所で作られるBFSを使用するコンクリートの製造実績を持つレディーミクストコンクリート工場では，そのBFSを使用するコンクリートについて水セメント比と圧縮強度の関係を十分に把握していると考えられるので，その工場での式を用いて調合強度に対応した水セメント比を定めてよい．ただし，この場合でも工事の都度，所定の強度が得られることを試し練りによって確認することが望ましい．

5.6 単位水量

a．単位水量は，185 kg/m³以下とし，所要のワーカビリティーおよびスランプが得られる範囲内で，できるだけ小さい値を定める．
b．高炉スラグ細骨材を単独使用する場合は，高炉スラグ細骨材を使用しない場合と比べて単位水量を2～10%増加させ，a項を満足させるように単位水量を定める．

a．一般のコンクリートと同様に，BFSを使用するコンクリートの場合も単位水量が多いほど硬化コンクリートの種々の性能が悪くなるので，所要のスランプ，良好なワーカビリティーが得られる範囲内で単位水量はできるだけ小さいほうがよい．そのため，単位水量の最大値は，JASS 5と同様に185 kg/m³とした．

BFSは，5.1項で述べたように，製造所等の違いによって粒子の形状・表面状態ならびに粒度分布に差があり，これらが単位水量に大きな影響を及ぼしている．したがって，AE減水剤を使用しても単位水量が185 kg/m³を超える場合には，高性能AE減水剤を使用するか，BFS混合率の変更または他の骨材を変更するなどして単位水量を185 kg/m³以下にする必要がある．

b．BFSは粒形が角ばっているため実積率が小さく，川砂を使用する場合と比べると，所定のスランプを得るための単位水量は多くなる．また，BFSは，JIS A 5011-1において4種類の粒度分布が規定されており，その使用方法（単独使用または混合使用）が異なる．さらに，細粒分

(0.15 mm ふるいを通過する量) や微粒分についても, 川砂に比べると多い傾向にある. そのため, 粗粒率等を考慮した適切な単位水量の設定が必要となる.

BFS を単独使用する場合の単位水量は, 解説図 5.2[6] より, 水セメント比 55% で AE 減水剤を使用した場合, BFS を使用しない場合（単位水量 176 kg/m^3）と比較して 12〜20 kg/m^3（7〜10%）, 水セメント比 40% で高性能 AE 減水剤を使用した場合は, BFS を使用しない場合（単位水量 176 kg/m^3）と比較して 4〜12 kg/m^3（2〜7%）, 水セメント比 30% で高性能 AE 減水剤を使用した場合は, BFS を使用しない場合（単位水量 180 kg/m^3）と比較して 8〜12 kg/m^3（5〜7%）程度増加することがわかる. したがって, BFS を単独使用する場合は, BFS を使用しない場合の単位水量に対して 2〜10% の増となる. ただし, この増加の程度は BFS の品質（銘柄）によって異なるため, 試し練りなどによって確認する必要がある.

なお, AE 減水剤を使用しても単位水量が 185 kg/m^3 を超える場合には, 高性能 AE 減水剤を使用し, 単位水量を 185 kg/m^3 以下にする必要がある.

BFS に他の細骨材を混合して使用する場合には, BFS および混合する細骨材の粒子形状・表面状態, 粒度分布などを考慮してその混合率を定める. これらの骨材を混合して使用したコンクリートの単位水量は, それぞれの骨材を単独で使用した場合の単位水量にそれぞれの混合率を乗じた値の合計になる. 単独で使用した実績のない細骨材の場合には, 粒子の状態などから単位水量を仮定し, それに基づいて混合後の単位水量を推定して, 試し練りの調合に用いればよい.

なお, 混合後の細骨材の粗粒率を同程度としても, その混合率によって単位水量は異なるため, 注意が必要である. これは, 実積率の違いによって, 単位水量が変化するためと考えられる.

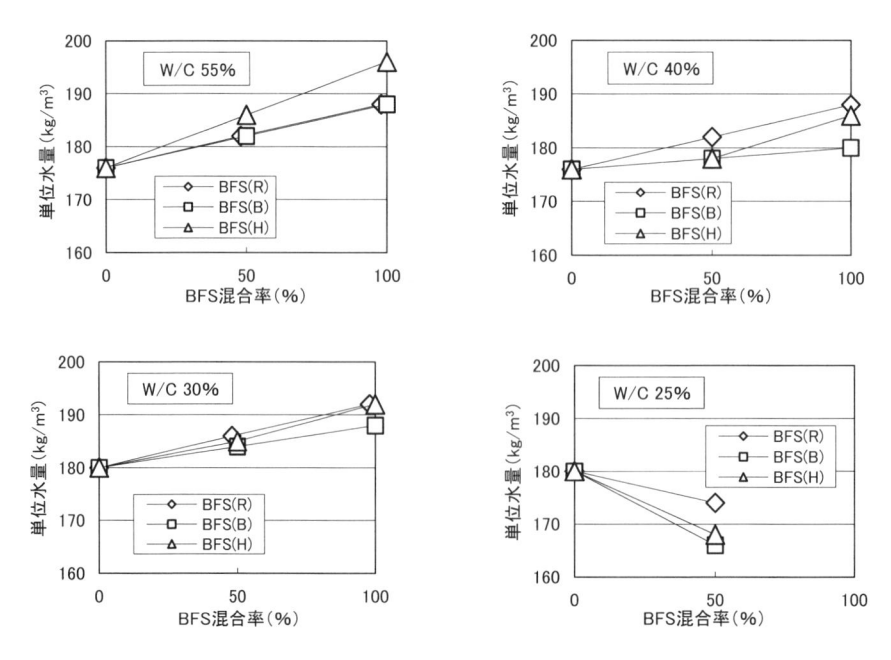

解説図 5.2　BFS 混合率と単位水量との関係[6]

5.7 単位セメント量

> a．単位セメント量は，5.5節の水セメント比および5.6節の単位水量から算出される値とする．
> b．高炉スラグ細骨材を単独使用する場合の単位セメント量の最小値は，290 kg/m³とする．

a．単位セメント量は，求めた水セメント比および5.6節で定めた単位水量から次式によって求める．

$$C = \frac{W}{X} \times 100$$

ここに，C：単位セメント量（kg/m³）
　　　　W：単位水量（kg/m³）
　　　　X：水セメント比（％）

b．単位セメント量は，水和熱および乾燥収縮によるひび割れを防止する観点から，できるだけ小さくすることが望ましい．しかし，単位セメント量が過小であるとコンクリートのワーカビリティーが悪くなり，型枠内へのコンクリートの充填性の低下，豆板やす（巣），打継部における不具合の発生，水密性，耐久性の低下などを招きやすい．このため，コンクリートの強度を確保するための条件とは別に，単位セメント量の最小値を定めている．

JASS 5において，普通コンクリートの単位セメント量の最小値は，解説表5.2のように定められている．しかし，高性能AE減水剤を使用するコンクリートでは，単位セメント量を小さくしすぎたり，スランプを大きくしすぎたりすると粗骨材の分離が生じたり，ブリーディングが増大したりすることにより，ワーカビリティーが悪くなることがあるので，普通コンクリートの場合は290 kg/m³以上，軽量コンクリートの場合は320 kg/m³以上としている．

BFSを使用するコンクリートの単位セメント量の最小値は，一般のコンクリートと同様と考えても問題はない．しかし，BFSを単独使用する場合には，水セメント比を一定にした場合，同じワーカビリティーを得るための単位水量が増加する傾向にある．そのため，高性能AE減水剤を使用する場合も多くなることが予想され，ブリーディングの増加も懸念される．したがって，BFSを単独使用する場合を考慮して，単位セメント量の最小値を，普通コンクリートの場合は290 kg/m³以上とした．

解説表5.2　各種コンクリートの単位セメント量の最小値

コンクリートの種類	単位セメント量の最小値（kg/m³）
一般仕様のコンクリート	270
軽量コンクリート	320（$F_c \leq 27$ N/mm²）
	340（$F_c > 27$ N/mm²）
水中コンクリート	330（場所打ちコンクリート杭）
	360（地中壁）

5.8 単位粗骨材量

> a．単位粗骨材量は，本会「コンクリートの調合設計指針・同解説」に示される単位粗骨材かさ容積の標準値を基に定める．
> b．a項によらない場合は，所要のワーカビリティーが得られる範囲内で，単位水量が最小となる最適細骨材率を試し練りによって求め，その細骨材率から単位粗骨材量を算出する．

　a．一般のコンクリートと同様，BFS を使用するコンクリートも所要の品質を確保するためには，調合条件に応じて，単位粗骨材かさ容積を適切に設定しなければならない．単位粗骨材かさ容積は，調合指針に示される単位粗骨材かさ容積の標準値を基に定めるか，もしくは信頼できる資料により定める．

　なお，BFS を単独で使用してワーカビリティーの良いコンクリートをつくるための単位粗骨材かさ容積は，川砂を用いるコンクリートに対して，0.02～0.03 m³/m³ 程度小さくするとよいとされている．

　単位粗骨材かさ容積を用いて，単位粗骨材量および粗骨材の絶対容積を算出する方法は下式による．

$$単位粗骨材量(kg/m^3) = 単位粗骨材かさ容積(m^3/m^3) \times 粗骨材の単位容積質量(kg/m^3)$$

$$粗骨材の絶対容積(l/m^3) = 単位粗骨材かさ容積(m^3/m^3) \times 粗骨材の実積率(\%) \times \frac{1000}{100}$$

　b．BFS を使用するコンクリートの場合，BFS 混合率，BFS の粒形および微粒分量などにより，コンクリートの状態が大きく変化することがある．単位粗骨材量を上記指針の単位粗骨材かさ容積の標準値や資料に基づいて定めることができない場合は，試し練りによって単位粗骨材量を定める必要がある．試し練りでは，コンクリートの全骨材絶対容積中の細骨材の絶対容積が占める割合を百分率で表した細骨材率による調合設計が便利である．

　一般に，建築用コンクリートは，軟練りでスランプが大きいため，粗骨材量を確保するために単位粗骨材かさ容積をもって調合を定める場合の指標としている．単位粗骨材かさ容積による調合計算によっても結果的に細骨材率が定まってくるが，コンクリートのワーカビリティーは，細骨材率を少し変えると微妙に変化し，試し練りにおける調合の調整は，細骨材率を用いると便利なことがある．細骨材率による試し練りでは，所要のワーカビリティーが得られる範囲内で，単位水量が最小となる最適細骨材率を求め，これにより単位粗骨材量を算出する．また，上記指針による単位粗骨材かさ容積の標準値に基づいて暫定的に調合を定めた後，ワーカビリティーを確認しながら，細骨材率を適宜増減して細骨材率を選定してもよい．なお，細骨材率による調合計算では，コンクリート 1 m³ 中の水，セメントおよび空気の容積を定め，残りの骨材の絶対容積に細骨材率を与えれば細骨材および粗骨材の絶対容積が計算でき，調合が確定する．

　JASS 5 の 5.9 項には「細骨材率は，良好なワーカビリティーのコンクリートを得るために非常に重要な要因である．一般に，細骨材率が小さすぎる場合は，がさがさのコンクリートとなり，スランプの大きいコンクリートでは，粗骨材とモルタル分とが分離しやすくなる．一方，細骨材率が

大きすぎる場合は，単位セメント量および単位水量を大きくする必要があり，また，流動性の悪いコンクリートとなる．」として細骨材率の違いによるフレッシュコンクリートの性状の変化を説明している．

BFS を使用するコンクリートはブリーディングが大きくなる傾向にあるため，このような点に配慮して調合を定める必要がある．一般的には，ブリーディングを抑制するため細骨材率を大きくすることが有効であるが，BFS を使用するコンクリートでは，細骨材率を大きくすると単位水量の増加やコンクリートの流動性の低下を招くことがある．このような場合には，むしろ細骨材率を小さくすることによりモルタル中の細骨材を減らしてセメント等の微粒分量を確保したほうが，ブリーディング抑制に効果的となる場合もあり，BFS を使用するコンクリートの適切な細骨材率を選定するには，試し練りにおいてコンクリートの状態を十分確認しながら行うことが望ましい．

5.9 混和材料の使用量

> a．AE 剤，AE 減水剤および高性能 AE 減水剤の使用量は，所要のワーカビリティー，所定のスランプおよび空気量が得られるよう，信頼できる資料または試し練りによって定める．
> b．a 項以外の混和材料の使用量は，所定の性能が得られるよう，信頼できる資料または試し練りによって定める．

a．AE 剤の使用量は，調合，練上がり温度などに応じて所定の空気量が得られるように定めればよいが，AE 減水剤や高性能 AE 減水剤については，一般にその使用量がセメントに対する質量比などによって定められていることが多い．AE 減水剤や高性能 AE 減水剤の場合，規定の使用量で所定の空気量が得られないような場合は，その混和剤に適した空気量調整剤の使用量を増減させることによって所定の空気量を得るようにする．

BFS を使用するコンクリートの場合，AE 減水剤や高性能 AE 減水剤の使用量は天然砂を使用する場合と大差ないが，一般のコンクリートよりもエントラップトエアが多くなる場合があり，所定の空気量を得るための空気量調整剤の使用量が一般のコンクリートの場合よりかなり少なくなるので，その使用量を定める場合は十分に注意する必要がある．また，空気量調整剤を用いなくとも目標とする空気が得られる場合があるが，これらの空気はコンクリートの耐久性に寄与しないエントラップトエアである場合が多い．そこで，コンクリートに耐久性が求められる場合には，BFS と組み合わせる細骨材の種類および品質，化学混和剤と併用する空気量調整剤の種類などを検討するとともに，材料の投入順序，練混ぜ時間，練混ぜ方法などを工夫して，可能な限りエントレインドエアが連行できるようにする必要がある．

高性能 AE 減水剤については，本会「高性能 AE 減水剤コンクリートの調合・製造および施工指針・同解説」を参照されたい．

b．AE 剤，AE 減水剤および高性能 AE 減水剤以外の混和材料の使用量は，混和材料の種類および使用目的によって異なるので，所定の性能が得られるように信頼できる資料によるか，試し練りを行って定めることが望ましい．

5.10 計画調合の表し方

a．高炉スラグ細骨材を使用するコンクリートの計画調合は，表5.2に例示するように，高炉スラグ細骨材と他の細骨材とを区別して表示する．
b．混合砂を使用する場合は，骨材製造者から提出された試験成績表によって高炉スラグ細骨材およびその他の細骨材の絶対容積・単位量を計算して表記する．

表5.2 計画調合の表し方（例）

調合強度	スランプ	空気量	水セメント比	粗骨材の最大寸法	細骨材率	単位水量	絶対容積 (l/m^3)				単位量 (kg/m^3)				化学混和剤の使用量	計画調合上の最大塩化物イオン量
							セメント	高炉スラグ細骨材	その他の細骨材	粗骨材	セメント	高炉スラグ細骨材 (1)	その他の細骨材 (1)	粗骨材 (1)	(ml/m^3) または ($C\times\%$)	
(N/mm²)	(cm)	(%)	(%)	(mm)	(%)	(kg/m³)										(kg/m³)

［注］(1) 表面乾燥飽水状態で表記する．

調合の表示では，表5.2に示す事項のほかに，セメントの種類および銘柄，BFSの種類，産地と粗粒率，また，BFSを混合使用する場合には，BFS混合率，混合する細骨材の種類，産地および粗粒率を併記することが望ましい．なお，単位量の表記方法には，絶対乾燥状態と表面乾燥飽水状態との二通りの方法があるが，本指針では最終的に必要となる表面乾燥飽水状態に限定した．

参 考 文 献

1) 鹿毛忠継ほか：高炉スラグ細骨材を使用したコンクリートの長期性状に関する実験，日本建築学会大会学術講演梗概集 A-1，pp. 265-266，2012.9
2) 石　東昇：高炉スラグ細骨材を使用した高強度コンクリートの力学特性および調合設計法に関する研究（宇都宮大学博士号論文），2011.9
3) 日本鉄鋼連盟：コンクリート用水砕スラグ細骨材の使用規準の作成に関する研究報告書，昭和52年度建設省建設技術研究補助金研究，1978.3
4) 建材試験センター：コンクリート用高炉スラグ細骨材標準化研究委員会生コンクリート部会，I-H 水砕砂を用いたコンクリートの施工実験に関する研究，1980.3
5) 日本建築学会：高炉スラグ細骨材を用いるコンクリート施工についての調査研究（その2）報告書，2011.3
6) 阿部道彦ほか：高炉スラグ細骨材を使用したコンクリートの調合に関する実験，日本建築学会大会学術講演梗概集 A-1，pp. 261-262，2012.9

6章　コンクリートの発注・製造および受入れ

6.1　総　　則

> a．高炉スラグ細骨材を使用するコンクリートの製造は，レディーミクストコンクリート工場または工事現場に設置した製造設備を用いて行う．
> b．レディーミクストコンクリート工場で製造する場合は，6.2～6.5節に，工事現場に設置した製造設備で製造する場合は，6.6節による．

　a．b． BFS を使用するコンクリートの製造は，製造設備の整ったレディーミクストコンクリート工場で行うことを原則とする．ただし，近隣のレディーミクストコンクリート工場が設備上の制約などから異なる種類の骨材を受け入れることができず，BFS を使用するコンクリートの安定供給が困難な場合には，工事現場に設置した設備を用いて製造してもよい．なお，工事現場に設置した製造設備を用いる場合，その設備は，JIS A 5308（レディーミクストコンクリート）の規定に適合するものでなければならない．

6.2　レディーミクストコンクリート工場の選定

> a．JIS A 5308（レディーミクストコンクリート）の規定に適合するレディーミクストコンクリートを使用する場合は，次の（1）または（2）によりコンクリートを製造するレディーミクストコンクリート工場を選定する．
> （1）　高炉スラグ細骨材を使用するコンクリートが，JIS Q 1001（適合性評価－日本工業規格への適合性の認証－一般認証指針）および JIS Q 1011［適合性評価－日本工業規格への適合性の認証－分野別認証指針（レディーミクストコンクリート）］に基づいて，JIS A 5308 に適合することを認証されている工場．
> （2）　高炉スラグ細骨材を使用するコンクリートが，（1）の適合性の認証を取得していない場合は，高炉スラグ細骨材を使用するコンクリート以外の JIS A 5308 に適合するレディーミクストコンクリートについて，適合性が認証されている工場．
> b．JIS A 5308 の規定に適合しないレディーミクストコンクリートを使用する場合は，高炉スラグ細骨材を使用するコンクリートの製造実績があるか，または安定して製造・供給可能と認められる工場を選定する．
> c．公益社団法人 日本コンクリート工学会が認定するコンクリート主任技士，コンクリート技士またはコンクリート技術に関してこれらと同等以上の知識と経験を有すると認められる技術者[(1)]が常駐している工場を選定する．
> 　［注］(1) 技術士（コンクリートを専門とするもの），一級および二級（仕上げを除く）建築施工管理技士，一級および二級建築士をいう．
> d．高炉スラグ細骨材を適切に貯蔵できる設備を有している工場を選定する．
> e．JASS 5 の 7 節に定められた練混ぜから打込み終了までの時間の限度内にコンクリートを打ち込めるように運搬可能な距離にある工場を選定する．

　a． JIS A 5308 の規定に適合するレディーミクストコンクリートを使用する場合は，原則とし

て，（1）のBFSを使用するコンクリートについて，第三者機関よりJIS A 5308の製品認証を取得した工場を選定することが望ましい．また，JIS A 5308では，コンクリートの種類について「普通コンクリート」「軽量コンクリート」「高強度コンクリート」等に区分して認証を付与しているので，工事で使用するコンクリートの種類に対応した区分の認証を取得している工場を選定するのがよい．

一方，近隣にBFSを使用するコンクリートについてJIS認証工場がないなどの理由から（2）のレディーミクストコンクリートの製造に関してJIS認証を取得している工場を選定する場合は，BFSを使用するコンクリートについて，認証を取得したコンクリートに準じて使用材料や製品規格等が規定されているとともに，工程管理，設備管理，製品の品質管理などが適切に実施できる工場を選定する必要がある．

また，1995年から産・官・学体制からなる「全国生コンクリート品質管理監査会議」が主体となり，地域ごとに「生コンクリート品質管理監査会議」が設けられ，レディーミクストコンクリート工場の監査と技術指導が行われている．この監査に合格し申請のあった工場には「適マーク」の表示を許可しているので，工場の選定に際して参考にするとよい．

b．例えば，呼び強度が36で，スランプフローが60 cmのコンクリートなど，JIS A 5308の規定に適合しないレディーミクストコンクリートを使用する場合は，発注（使用）するコンクリートの製造実績やa項の（2）に示した基準を参考にして工場を選定するとよい．

なお，JIS A 5308の規定に適合しないコンクリートを建築物の基礎，主要構造部等に用いる場合は，建築基準法第37条第二号の国土交通大臣による認定を取得している工場を選定しなければならない．

c．レディーミクストコンクリートの品質は，工場の技術者の技術水準に左右される．したがって，工場には本項や注に示された資格を持った技術者が常駐し，調合設計・品質管理などを的確に実施している工場を選定する．

d．BFSを使用するコンクリートを製造する場合，BFS専用の貯蔵設備が必要となるため，工場の選定にあたっては，BFSを適切に貯蔵できる設備を有していることを事前に確認しておくとよい．

BFSを貯蔵する場合，貯蔵中に固結したり，密度，吸水率および粒度分布等に変化を来すことがあるので，BFSの貯蔵の安定性を確認し，あらかじめ固結対策を講じたり，暑中期については長期間の貯蔵を避けるなどの配慮が必要である．

e．レディーミクストコンクリートは，運搬時間によって品質が変化することがあるため，運搬時間は短い方がよい．

JIS A 5308の細分箇条8.4（運搬）では，練混ぜを開始してから荷卸し地点に到着するまでの運搬時間の限度を1.5時間以内，JASS 5の7節「コンクリートの運搬・打込みおよび締固め」では，練混ぜ開始から打込み終了までの時間の限度を，外気温25℃未満の場合は120分，25℃以上の場合は90分とすることが規定されている．したがって，これらの規定された時間の限度内にコンクリートが打ち込めるように，工事現場内における運搬方法や運搬時間等も考慮して工場を選定する

必要がある．また，工場のミキサーの製造能力（m^3/h），運搬能力も併せて考慮する必要がある．

6.3 レディーミクストコンクリートの発注

> a．JIS A 5308（レディーミクストコンクリート）の規定に適合するレディーミクストコンクリートの発注は，JASS 5の6節およびJIS A 5308による．
> b．練混ぜ水としてスラッジ水が使用されている場合は，レディーミクストコンクリート工場のスラッジ水濃度の管理記録を確認する．スラッジ水濃度の管理が不十分であると認められた場合は，生産者と協議しスラッジ水の使用を中止する．
> c．JIS A 5308の規定に適合しないレディーミクストコンクリートを発注する場合は，JISの規定を準用して必要な事項を生産者と協議して定める．

a．JIS A 5308（レディーミクストコンクリート）の規定に適合するレディーミクストコンクリートを発注する場合，施工者は，解説表6.1に示すレディーミクストコンクリートの種類の中から，コンクリートの種類，粗骨材の最大寸法，スランプまたはスランプフロー，呼び強度との組合せを指定する．また，解説表6.2に示すa）～q）までの事項について，生産者と協議のうえ，指定して発注する．

BFSの使用を指定する場合は，JIS A 5308の箇条3（種類）のb）項（骨材の種類）に基づいて，使用するBFSの種類と混合率を指定する．

なお，BFSの使用の指定にあたり，混合砂を使用するレディーミクストコンクリート工場の場合は，BFS混合率の確認方法をあらかじめ定めておくのがよい．

b．JIS A 5308は，環境に配慮したレディーミクストコンクリートの規格とするため，再生骨材Hの使用，スラッジ水の利用の促進および付着モルタルの適用範囲の拡大などが図れるように改正された．この改正においてスラッジ水の適用範囲が見直され，水の区分については，呼び強度が36以下のレディーミクストコンクリートにスラッジ水を使用することは指定事項から外され，生産者は，購入者と協議しないでスラッジ水を使用できるようになった．また，呼び強度が36を超える場合にはスラッジ水の使用を協議して指定するように変更された．

練混ぜ水としてスラッジ水が使用されている場合は，スラッジ固形分率の管理が重要となるため，購入者（施工者）は，レディーミクストコンクリート工場におけるスラッジ水濃度の管理状況を確認するとともに，管理が不十分と認められた場合は，スラッジ水の使用を中止するなどの対応をとる必要がある．スラッジ水の使用の有無およびスラッジ固形分率は，レディーミクストコンクリート配合計画書に記載された目標スラッジ固形分率から判断することができる．

なお，高強度コンクリートについては，JIS A 5308ではスラッジ水，JASS 5では回収水（スラッジ水および上澄み水）の使用が禁止されている．

c．JIS A 5308の規定に適合しないレディーミクストコンクリートを使用する場合，施工者は，JIS A 5308の規定を準用して，レディーミクストコンクリート工場の製造設備，材料の計量・練混ぜ，運搬および品質管理方法など，必要な事項を生産者と協議して定め，工事監理者の承認を受けてから発注する必要がある．

解説表6.1 レディーミクストコンクリートの種類（JIS A 5308 より抜粋）

コンクリートの種類	粗骨材の最大寸法(mm)	スランプ又はスランプフロー[a](cm)	呼び強度												
			18	21	24	27	30	33	36	40	42	45	50	55	60
普通コンクリート	20, 25	8, 10, 12, 15, 18	○	○	○	○	○	○	○	○	○	○	—	—	—
		21	—	○	○	○	○	○	○	○	○	○	—	—	—
	40	5, 8, 10, 12, 15	○	○	○	○	○	—	—	—	—	—	—	—	—
軽量コンクリート	15	8, 10, 12, 15, 18, 21	○	○	○	○	○	○	○	—	—	—	—	—	—
高強度コンクリート	20, 25	10, 15, 18	—	—	—	—	—	—	—	—	—	—	○	—	—
		50, 60	—	—	—	—	—	—	—	—	—	—	○	○	○

［注］(a) 荷卸し地点での値であり，50 cm および 60 cm はスランプフローの値である．

解説表6.2 レディーミクストコンクリートにおける指定事項および協議事項

a) セメントの種類
b) 骨材の種類
c) 粗骨材の最大寸法
d) アルカリシリカ反応抑制対策の方法
e) 骨材のアルカリシリカ反応性による区分
f) 呼び強度が 36 を超える場合は，水の区分
g) 混和材料の種類及び使用量
h) 品質の項に定める塩化物含有量の上限値と異なる場合は，その上限値
i) 呼び強度を保証する材齢
j) 品質の項に定める空気量と異なる場合は，その値
k) 軽量コンクリートの場合は，コンクリートの単位容積質量
l) コンクリートの最高温度又は最低温度
m) 水セメント比の目標値[1]の上限
n) 単位水量の目標値[2]の上限
o) 単位セメント量の目標値[3]の下限又は目標値[3]の上限
p) 流動化コンクリートの場合は，流動化する前のレディーミクストコンクリートからのスランプの増大量
 ［購入者が d) でコンクリート中のアルカリ総量を規制する抑制対策の方法を指定する場合，購入者は，流動化剤によって混入されるアルカリ量（kg/m^3）を生産者に通知する．］
q) その他必要な事項

a)～d) は指定，e)～q) は必要に応じて協議のうえ指定することができる．ただし，a)～h) までの事項は，JIS A 5308 で規定している範囲とする．

［注］(1) 配合設計で計画した水セメント比の目標値　(2) 配合設計で計画した単位水量の目標値
(3) 配合設計で計画した単位セメント量の目標値

6.4 レディーミクストコンクリートの製造

a．JIS A 5308（レディーミクストコンクリート）の規定に適合するレディーミクストコンクリートを使用する場合は，レディーミクストコンクリート工場の製造設備，材料の計量・練混ぜ，運搬および品質管理が JIS A 5308 の規定に適合して行われていることを確認する．
b．JIS A 5308 の規定に適合しないレディーミクストコンクリートを使用する場合は，レディーミクストコンクリート工場の製造設備，材料の計量・練混ぜ，運搬および品質管理が 6.3 節の c 項で生産者と協議して定めた事項に適合して行われていることを確認する．
c．必要に応じて，生産者から品質管理結果を提示させ，所定の品質のコンクリートが生産されていることを確認する．

d．混合砂を使用する場合は，必要に応じて，混合方法，高炉スラグ細骨材混合率および混合率の確認方法を記録または現地検査によって確認する．

本節の内容は，BFSを使用するレディーミクストコンクリートの製造に関連して，レディーミクストコンクリートの購入者（施工者）が確認すべき基本的事項について規定したものである．

　a．JIS A 5308の規定に適合するレディーミクストコンクリートは，JIS Q 1001（適合性評価－日本工業規格への適合性の認証－一般認証指針）およびJIS Q 1011［適合性評価－日本工業規格への適合性の認証－分野別認証指針（レディーミクストコンクリート）］に規定された製造設備（セメントサイロまたは倉庫，骨材の貯蔵設備および運搬設備，混和材料タンクまたは倉庫，バッチングプラント，ミキサー，トラックアジテータ，洗車設備および検査設備など）を使用し，適切な工程管理（現場調合，材料の計量・練混ぜ，運搬など）の下で製造されている．

　これらに関しては，BFSを使用するレディーミクストコンクリートについても，一般のコンクリートと同様であるため，製造設備，工程管理，製品管理の結果が各規定に適合していることを書類または現地検査によって確認する．

　b．JIS A 5308の規定に適合しないレディーミクストコンクリートを使用する場合も基本的にはa項と同様であり，6.3節のc項で生産者と協議して定めた事項に適合して製造されていることを確認する必要がある．

　c．生産者はレディーミクストコンクリートの品質を保証するため，JIS A 5308の細分箇条8.6（品質管理）に従って必要な品質管理を行っている．このため，必要に応じてこれらの品質管理結果を生産者に提示させ，所定の品質のコンクリートが生産されていることを確認する．

　解説表6.3にレディーミクストコンクリート工場で通常行われている品質管理項目を示す．

解説表6.3　レディーミクストコンクリート工場における品質管理項目

摘　　要		管　理　項　目
材料受入管理試験	セメント	品質
	骨　　材	外観，異物混入の有無，粒度，砕石・砕砂の粒形判定実積率，密度，吸水率，微粒分量，有害物，単位容積質量，細骨材の塩化物量，アルカリシリカ反応性，すり減り減量，安定性，軽量骨材の浮粒率
	水	水質
	混和材料	品質
製造管理試験	調　　合	各骨材の粗粒率，粗骨材の実積率，回収水の濃度，細・粗骨材の表面水，軽量骨材の含水率，アルカリ総量，塩化物含有量
	材料計量	計量精度
	練混ぜ	外観，スランプ，均一性，空気量，コンクリート中の塩化物含有量，圧縮強度，容積，コンクリート温度，単位容積質量
	出荷コンクリートの品質	スランプ，空気量，コンクリート中の塩化物含有量，圧縮強度，温度，単位容積質量

d．BFSは，他の細骨材と混合使用することが多いが，その混合方法にはレディーミクストコンクリート工場でコンクリート製造時に各骨材を別々に計量してミキサー内で混合する方法と，骨材製造業者や骨材販売業者が山元などであらかじめ混合して，混合砂としてレディーミクストコンクリート工場に供給する方法がある．

前者については，他の細骨材の混合使用と同様，適切な設備や品質管理の下に実施されていれば何ら問題はない．一方，後者の混合砂を使用する場合は，混合方法が不適切な場合，混合砂の品質の変動が大きくなり，ひいては，コンクリートの品質に影響を及ぼす場合がある．このため，混合砂を使用する場合は，必要に応じて，混合砂の混合方法，BFS混合率，BFS混合率の確認方法等についてあらかじめ規定するとともに，混合後の細骨材が所定の品質を満足していることを記録または現地検査により確認する必要がある．現時点では，混合砂の混合方法は標準化（例えば，JIS化）されていない．したがって，骨材製造業者または骨材販売業者が自ら適正な混合方法を定め，適切に品質管理が行われ，所定の品質を満足するとともに，品質の安定した混合砂がレディーミクストコンクリート工場に納入されているかを確認すればよい．

BFS混合率は，レディーミクストコンクリート工場で使用している細骨材とBFSの粒度分布を考慮して，レディーミクストコンクリート工場で定め，骨材製造業者または骨材販売業者と契約が行われていればよい．また，BFS混合率の確認方法は，混合前後の密度や粗粒率を用いて確認するのが一般的であるが，現時点では，確認方法が標準化されていない．そこで，BFS混合率の確認方法は，レディーミクストコンクリート工場で定めた方法が適正であり，同方法に従って適切に管理されているかを確認できればよい．

参考として，レディーミクストコンクリート工場において，BFSを混合した混合砂を使用する場合，レディーミクストコンクリート工場（コンクリート生産者）が行うべき品質管理項目，品質管理の手順および品質管理方法の一例を以下に示す．

（1） 混合砂の混合方法およびBFS混合率が適正であることを事前に確認する．
（2） （1）で確認した結果に基づき，混合する細骨材の種類，品質，BFS混合率（範囲）などを骨材製造業者等（骨材販売業者を含む）と協議して定める．
（3） 混合前の各骨材の種類および品質がJIS A 5308 附属書A（規定）（レディーミクストコンクリート用骨材）の規定に適合していることを試験または骨材製造業者等から提出された試験成績書で確認する．
（4） 納入された混合砂のBFS混合率が，骨材製造業者等との協議によって定めた値（範囲）であることを(3)で求めた各細骨材の密度を用いて確認する．
（5） 納入された混合砂のBFS混合率が，骨材製造業者等との協議によって定めた値（範囲）であることを(3)で求めた各細骨材の粗粒率を用いて確認する．
（6） （4）および（5）の結果，BFS混合率があらかじめ定めた値（範囲）を満足しない場合は，その混合砂を廃棄するか，BFS混合率の変更等（配合修正等）の処置で対応するかを検討する．また，骨材製造業者等との協議によって定めた値（範囲）を外れた原因を解明し，同様の不適合事項の再発を防止する．

（7） 配合修正等の処置で対応する場合は，コンクリートの性状に影響がないことを確認する．なお，BFS混合率の変更等に伴うコンクリートの性状の変化は，事前に試験室内の試し練りによって確認することができる．

（8） BFS混合率の変更等（配合修正等）の可否について，購入者の承認を得る．

6.5 レディーミクストコンクリートの受入れ

> a．レディーミクストコンクリートの受入検査の項目・方法および検査ロットの大きさ・検査頻度は，JASS 5の11節を標準とする．レディーミクストコンクリート工場の品質管理が十分であると考えられる場合には，受入検査の項目を簡略化することができる．
> b．レディーミクストコンクリートの受入れに際して，コンクリートの1日の納入量，時間あたりの納入量，コンクリートの打込み開始時刻，その他の必要事項を生産者に連絡する．
> c．コンクリートに用いる材料および荷卸し地点におけるレディーミクストコンクリートの品質について，JASS 5の11節に基づいて検査を行い，合格することを確認して受け入れる．検査の結果が不合格の場合は，適切な措置を講じる．
> d．荷卸し場所は，トラックアジテータが安全，かつ円滑に出入りでき，荷卸し作業が容易に行える場所とする．
> e．レディーミクストコンクリートは，荷卸し直前にトラックアジテータのドラムを高速回転させるなどして，コンクリートを均質にしてから排出する．

a．施工者は，使用材料およびレディーミクストコンクリートの品質が，指定した事項に適合しているか否かを検査する．そのための検査項目および検査ロットの大きさは，JASS 5の11節およびJIS A 5308を基準として定める．

b．所定の品質のコンクリートを工程どおりに受け入れるために，施工者はレディーミクストコンクリート工場と綿密な打合せを行い，連絡・確認を的確に行うことが重要である．また，これらの連絡・確認において，トラックアジテータの待機時間を短くすることや，戻りコンクリートが発生しないよう配慮することも重要である．これらの連絡・確認事項としては以下のものがある．

① 使用するコンクリートの種類・品質・納入数量
② 工事期間中のコンクリートの打込み工程
③ 打込み日ごとのコンクリートの種類・品質・納入量，打込み開始時刻・終了時刻，時間あたりの納入量
④ 品質管理方法

上記の事項については，コンクリート工事開始前の早い時期からの打合せを行うほか，月間工程の打合せなども定期的に行うことが必要である．これらの打合せ事項を徹底させるために，例えば，コンクリートの打込み日の1週間前，前日，当日および打込み中の連絡・確認を実施するとよい．

c．施工者は，トラックアジテータが現場に到着したときに，レディーミクストコンクリート納入書で発注したレディーミクストコンクリートに適合しているかを確認し，その後6.5節a項およびJASS 5の11節によって品質管理および検査を実施し，コンクリートが合格していることを確

認して受け入れる．

フレッシュコンクリートの検査で不合格となった場合には，そのトラックアジテータを返却するとともに，続けて数台のトラックアジテータについて検査を行い，品質を確認する．もし続けて不合格となるようなときはただちに製造工場と連絡をとり，原因を調査して対策を講じる．圧縮強度の検査で不合格となった場合の処置は，JASS 5 の 11 節による．

d．コンクリートの荷卸し場所は，周辺道路・近隣などの状況を考慮しながら，トラックアジテータが安全，かつ円滑に出入りでき，荷卸し作業および現場内運搬が容易に行える場所を選定できるよう，施工計画時に十分検討しておくことが望ましい．

e．受入検査に合格したコンクリートは，荷卸しに際して，その直前にトラックアジテータ内のコンクリートが均質となるよう，ドラムを高速回転させて撹拌した後に排出するのがよい．

6.6 工事現場練りコンクリートの製造

a．工事開始前にコンクリートの材料の貯蔵，計量，練混ぜおよび運搬について必要な事項を定めておく．
b．製造設備およびトラックアジテータは，JIS A 5308（レディーミクストコンクリート）の箇条 8（製造方法）の規定に適合するものを用いる．
c．現場調合は，5 章に基づき，骨材の含水状態に応じて，1 バッチ分のコンクリートを練るのに必要な材料の質量を算出して定める．
d．各材料は，c 項で定めた現場調合に基づき，1 バッチ分ごとに質量で計量する．ただし，水および化学混和剤は，容積で計量してもよい．
e．各材料の計量誤差は，JIS A 5308 の細分箇条 8.2（材料の計量）の規定に示される値以内とする．
f．計量装置は定期的に検査し，正常に作動するように調整しておく．
g．工事現場練りコンクリートの品質管理・検査は，JASS 5 の 11 節により行う．検査の結果が不合格の場合は適切な措置を講じ，工事監理者の承認を受ける．

a．b．施工者は，コンクリート工事を開始する前に，材料の貯蔵・計量・練混ぜおよび運搬について，以下に示す事項を具体的に定めておく．

① 材料の貯蔵：セメント・骨材・混和材料の貯蔵設備
② 計　　　量：計量器の種類・計量精度
③ 練　混　ぜ：ミキサーの種類，練混ぜ量・練混ぜ時間
④ 運　　　搬：トラックアジテータまたは運搬方法，運搬時間の限度

製造設備やトラックアジテータについては，JIS A 5308 の規定に適合するものを用いればよい．

なお，工事現場練りコンクリートの製造設備においても，BFS を単独で貯蔵する場合は，6.2 節の d 項と同様，固結対策を講じたり，高温期には長期間の貯蔵を避けるなどの配慮が必要である．

c．計画調合では，骨材は表面乾燥飽水状態の骨材の質量で示されているので，現場調合では，含水率や表面水率を測定し，計画調合の水量および骨材質量を補正する．次に 1 バッチ分のコンクリートを練るのに必要なセメント量，混和材料，水量，化学混和剤量および骨材量を算出する．

d．c 項で定めた現場調合に基づき，各材料は 1 バッチ分ごとに質量で計量する．水および化学混和剤溶液は，e 項の精度で計量可能であれば，容積で計量してもよい．化学混和剤を希釈して使

用する場合は，希釈水量を水量から必ず差し引く．

　e．f．計量誤差は，JIS A 5308 の細分箇条 8.2（材料の計量）に規定された値以内とするため，計量装置の検査および調整は，定期的に行う必要がある．

　各材料の計量誤差は，計量器自体に基づくものと，材料を計量器に供給するときに生じるものとがある．計量器の精度は，日常の点検・整備を行えば，最大容秤量の 0.5%以下にすることができる．一方，材料を供給するときに生じる計量誤差はかなり大きくなるので，検査・調整は計量器・供給装置などを含めて行う．計量器のゼロ点調整は毎日行い，動荷重試験は週に 1 回以上行う．

　g．現場練りコンクリートの場合は，いわゆる受入検査を行うことはない．したがって，コンクリートが常に所要の性能を有するよう，コンクリートに使用する材料の品質管理・検査および製造管理を十分に行わなければならない．品質管理・検査の項目，方法などについては，JASS 5 の 11 節および JIS A 5308 に準じて行えばよい．これらの品質管理試験の結果は，工事監理者の要求に応じて提示できるようにしておかなければならない．

　また，検査の結果が不合格となった場合の取扱いについても，レディーミクストコンクリートを使用する場合と同様であり，JASS 5 の 11 節を準用すればよい．

7章　運搬・打込み・締固めおよび養生

7.1　総　　則

> 本章は，高炉スラグ細骨材を使用するコンクリートの工事現場内における運搬，打込み，締固めおよび養生に適用する．

　本章は，BFSを使用するコンクリートについて，工事現場内の運搬，打込み，締固めおよび養生を適切に行うための標準を示す．

　なお，本章に規定されていないコンクリートの施工に関する一般的事項は，JASS 5による．

7.2　運　　搬

> a．コンクリートは，品質の変化が少なく分離が生じにくい方法で，荷卸し地点から打込み地点まで運搬する．
> b．コンクリートの練混ぜから打込み終了までの時間の限度は，外気温が25℃未満の場合は120分，25℃以上の場合は90分とする．ただし，コンクリートの温度を低下させ，または凝結を遅らせるなどの特別な対策を講じた場合には，工事監理者の承認を受け，その時間の限度を変えることができる．

　a．BFSを使用するコンクリートの工事現場内での運搬は，一般のコンクリートと同様，空気量の低下や骨材の分離などコンクリートの品質を変化させないようにできるだけ短時間で行い，後工程の打込みや締固めに際して，所要のワーカビリティーを確保することが重要である．

　BFSを使用するコンクリートをポンプにより圧送する場合は，一般のコンクリートと同様，本会「コンクリートポンプ工法施工指針・同解説」による．なお，圧送従事者は，労働安全衛生法の特別教育を受け，厚生労働省で定める「コンクリート圧送施工技術者」の資格を取得している者とする．

　b．BFSを使用するコンクリートは，一般のコンクリートと同様，練混ぜからの時間経過に伴い，スランプまたは空気量の低下，コンクリートの温度上昇が生じる．これに現場内の運搬による品質変化が加わると，打込み欠陥の発生や耐久性を損ねる可能性がある．そこで，外気温の影響，現場までの運搬時間および現場内の運搬によりスランプの低下が予想される場合には，コンクリート出荷時にその低下分を見込み，荷卸し時のスランプを設定しておく必要がある．

　コンクリートの施工計画では，計画調合・打込み区画・運搬機器の種類，台数・打込み人員配置などについて検討しておくことが重要である．レディーミクストコンクリートの運搬時間は，JIS A 5308（レディーミクストコンクリート）において練混ぜを開始してから運搬車が荷卸し地点に到達するまでの時間とし，1.5時間以内と規定されている．このため，できるだけ現場までの運搬時間の短い工場を選定する．夏期のようにコンクリート温度が高くなる時には，遅延形化学混和剤

の使用や冷却水によりコンクリート温度を下げるなどの対策を講じると，フレッシュコンクリートの品質変化やコールドジョイントの防止に有効である．このような対策をとる場合には，工事監理者の承認を得て練混ぜから打込み終了までの時間の限度を延長することも可能である．

7.3 打込みおよび締固め

> a．コンクリートの打込みおよび締固めは，コンクリートが均質かつ密実に充填され，所要の強度・耐久性を有し，有害な打込み欠陥部のない構造体コンクリートが得られるようにする．
> b．1回に打ち込むように計画された区画内では，コンクリートが一体になるように連続して打ち込む．
> c．打継ぎ部におけるコンクリートの打込みおよび締固めは，打継ぎ部に締固め不良やブリーディング水の集中などによるぜい弱部を生じないように行う．
> d．打込みおよび締固め後に生じたブリーディング水は，これを適当な方法で除去する．特にスラブなどの水平仕上面などに生じるブリーディング水は，表面仕上げ性能を損なうおそれがあるので，これを取り除いた後，タンピングやこてにより仕上げを行う．

　a．コンクリートの打込みおよび締固めは，コンクリートの施工の中でも構造体の耐力や水密性，耐久性などの品質に最も大きな影響を及ぼす工程である．したがって，BFSを使用するコンクリートについても一般のコンクリートと同様，確実に所要の品質が得られるよう，十分に検討した施工計画を立てて進める必要がある．

　b．計画区画内では，先に打ち込んだコンクリートと後から打ち重ねたコンクリートに，コールドジョイントができないよう，十分に締固めができる範囲・速度により連続して打ち込む．

　BFSを使用するコンクリートは，一般のコンクリートに比べてブリーディング量が増加する傾向がある．このため，柱のコンクリートを梁下でいったん打ち止め，十分に締固めを行い，浮き水を取り除いた後，コンクリートの沈降を待ってから，梁・スラブのコンクリートを打ち込むのがよい．また，コンクリートの打込みは，所定の鉛直部材を打ち込んだ後，打重ね時間間隔の限度内に最初の打込み箇所に戻り，梁とスラブなどの水平部材へ移る．鉛直部材のコンクリートの打込み量は，1回あたり100 m³程度を目安とし，次の水平部材への打込みを行うのがよい．

　なお，階高が高く，スパンの長い壁がある場合は，極端な片押しで軟らかいコンクリートを打ち込むと壁部分にコンクリートが流れ込み，すそ野が広い充填状況となるため注意を要する．未充填箇所やブリーディング水が残っていないことを確認して，上部のコンクリートを打ち重ねるようにする．

　c．柱あるいは壁下部の打継ぎ部は，上部から打ち込まれたコンクリートが，配筋やセパレータなどによって分離する傾向が強い．地震時のせん断耐力や耐久性確保の観点から，豆板や空げきなどの不具合をなくすため，これら打継ぎ部の近傍では一定の層厚さでコンクリートを打ち込み，十分な締固めを行い，打継ぎによる不具合が生じないようにする必要がある．

　d．BFSを使用するコンクリートは，解説図3.1に示したように，一般のコンクリートと比べてブリーディング量が多くなる傾向がある．このため，ブリーディング水を取り除いた後の1時間前後にタンピングを行い，仕上げの程度に応じて，こてなどを用いて平らに仕上げるとよい．な

お，前述のように，BFS を使用した一般仕様のコンクリートのブリーディング量は，0.5 cm^3/cm^2 程度以下とすることが望ましい．

7.4 養　生

> a．コンクリートは，打込み終了直後からセメントの水和およびコンクリートの硬化が十分に進行するまでの間，急激な乾燥，過度の高温または低温の影響，急激な温度変化，振動および外力の悪影響を受けないように養生する．
> b．打込み後のコンクリートは，透水性の小さいせき板による被覆，養生マットまたは水密シートによる被覆，散水・噴霧，膜養生剤の散布などにより湿潤養生を行う．
> c．気温が高い場合，風が強い場合または直射日光を受ける場合には，コンクリート面が乾燥しないように養生を行う．
> d．外気温の低下する時期においてはコンクリートを寒気から保護し，打込み後 5 日間以上はコンクリートの温度を 2℃ 以上に保つ．

　a．BFS を使用するコンクリートの凝結時間は，一般のコンクリートと同程度である．ただし，ブリーディング量が多くなると凝結時間が若干遅れる傾向があるため，硬化初期において十分な養生を施さなければならない．そのための留意事項として，次の 4 つが挙げられる．
（1）　硬化初期の期間中に十分な湿潤状態に保つこと．
（2）　適当な温度に保つこと．
（3）　日光の直射，風などの気象作用および酸や塩化物などの劣化因子の侵入に対して，コンクリートの露出面を保護すること．
（4）　振動および外力を加えないよう保護すること．

　打込み後のコンクリートは，硬化初期に急激な乾燥にさらされないようにする．十分な水分を与えない場合，セメントの水和反応に必要な水分が不足し，強度発現に影響を及ぼす．また，養生期間中の温度が過度に低い場合は，強度発現が著しく遅延し，逆に過度に温度が高い場合は，温度ひび割れの発生や長期材齢における強度増進が小さくなる．若材齢時のコンクリートは，日光の直射や急激な乾燥にさらされると，コンクリートの表面にひび割れが発生し，耐久性を損なうおそれがある．また，硬化の進んでいないコンクリートに振動・外力が作用すると，コンクリートにひび割れが発生する危険が極めて大きい．

　コンクリートの養生は，できるだけ長い期間行うことが望ましい．特に初期材齢の養生はコンクリートの品質に与える影響が大きいため，重要である．

　b．打込み後のコンクリートが，透水性の小さいせき板で保護されている場合は，湿潤養生と考えてよい．しかし，コンクリートの打込み上面などでコンクリート面が露出している場合，あるいは透水性の大きいせき板を用いる場合には，直射日光，風などにより乾燥しやすいので，初期の湿潤養生が不可欠となる．湿潤養生には次のような方法が有効である．
（1）　養生マットまたは水密シートなどで覆い，水分を保持する．
（2）　連続または断続的に散水または噴霧を行い，水分を供給する．

（3） 膜養生剤や浸透性養生剤の塗布により，水分の逸散を防ぐ．

　湿潤養生の開始時期は，透水性の小さいせき板にコンクリートが打ち込まれている場合は特に問題にならないので，そのままの状態でよいが，上述した（1）の方法では仕上げの後，（2）の方法ではコンクリートの凝結が終了した後，（3）の方法ではブリーディングの終了後に湿潤養生を開始する必要がある．

　ｃ．コンクリートの打込み面などコンクリートが露出している場合や透水性の大きいせき板を用いる場合は，気温が高い場合，風が強い場合または直射日光を受ける場合などの条件下でコンクリート表面からの乾燥が大きくなる．このため，それぞれの状況に対応した適切な養生が行われるように管理することが重要である．

　ｄ．寒冷期とは，コンクリートの打込み後4週までに月平均気温が約10℃〜2℃の月を含む期間と考えればよい．

　BFSを使用するコンクリートの低温におけるコンクリート強度の増進は，普通ポルトランドセメントで寒冷期に対する温度補正を行ったコンクリートを2℃で養生した場合，5日間で強度5 N/mm²確保できると判断されるので，2℃を最低温度とした．

　また，建築基準法施行令第75条には，コンクリートの養生についての規定があり，「コンクリート打込み後5日間はコンクリート温度が2℃を下がらないように養生しなければならない．」としている．JASS 5では，普通ポルトランドセメントを用いる場合は5日間以上，早強ポルトランドセメントを用いる場合はそれより短く3日間以上としている．また，中庸熱ポルトランドセメント，低熱ポルトランドセメント，フライアッシュセメント，高炉セメント，その他の水和速度の遅いセメントを使用する場合は5日間以上としている．BFSを使用するコンクリートについても，一般のコンクリートと同様の養生期間を確保すればよい．

　なお，ここでいう寒冷期は寒中コンクリート工事の期間と一部重複するが，寒中コンクリート工事の適用期間については，JASS 5の12節に従って対応する必要がある．

参 考 文 献
1) 日本建築学会：高炉スラグ細骨材を用いるコンクリート施工についての調査研究（その3）報告書，2012.3

8章　品質管理・検査

8.1　総　　則

> 本章は，高炉スラグ細骨材を使用するコンクリートの製造時における品質管理，荷卸し時・打込み直前における品質検査および試験に適用する．

　本章は，BFS を使用するコンクリートが十分管理された状態で製造され，工事現場までの運搬および現場内での運搬過程を経て建築物に打ち込まれるとき，所要の性能が満足されていることを確認するために行う品質管理・検査および試験方法の標準を示す．

　なお，本章に規定されていないコンクリートの材料の試験および検査，各工事における品質管理・検査，構造体コンクリートの仕上がり・かぶり厚さの検査などは，JASS 5 の 11 節による．

8.2　細骨材の品質管理

> a．高炉スラグ細骨材の製造者，種類および品質は，適切な試験頻度（検査頻度）を定めて，骨材製造者から提出された試験成績書または試験により，JIS A 5011-1（コンクリート用スラグ骨材—第 1 部：高炉スラグ骨材）に適合していることを確認する．
> b．高炉スラグ細骨材以外の細骨材の種類，産地および品質は，適切な試験頻度（検査頻度）を定めて，骨材製造者から提出された試験成績書または試験により，4.2 節に適合していることを確認する．
> c．高炉スラグ細骨材を他の細骨材と混合使用する場合で，コンクリート製造時に別々に計量して使用する場合は，おのおのの細骨材を a 項，b 項により管理する．
> d．高炉スラグ細骨材を他の細骨材と混合使用する場合で，混合砂を使用する場合は，混合前の各細骨材の種類，製造者または産地および品質を a 項，b 項により管理し，混合後の細骨材の品質が，4.2 節に適合していることを試験または計算によって確認する．また，各細骨材の混合率を骨材製造者等から提出された試験成績表により確認する．

　本節の内容は，BFS を使用するレディーミクストコンクリートおよび工事現場練りコンクリートの製造に際し，コンクリートの生産者（製造者）が実施すべき細骨材の品質管理に関する基本的事項について規定したものである．

　a．BFS の製造者，種類および品質は，適切な試験頻度（検査頻度）を定めて確認する必要がある．解説表 8.1 は，JIS Q 1011［適合性評価－日本工業規格への適合性の認証－分野別認証指針（レディーミクストコンクリート）］の附属書 A（規定）（初回工場審査において確認する品質管理体制）に規定されている BFS の受入検査方法の概要を示したものである．

　BFS の受入検査は，この表に従って行い，入荷の都度，製造者・種類・外観を確認するとともに，BFS の品質が JIS A 5011-1（コンクリート用スラグ骨材—第 1 部：高炉スラグ骨材）に適合していることを定期的に確認する．

JIS Q 1011 の附属書 A には，BFS の製造者について確認することを規定していない．しかし，同一種類の BFS でも製造者が異なると品質が変化することから，本指針では，入荷の都度，BFS の製造者も確認することにした．

　なお，解説表 8.1 には，2013 年に予定される改正で JIS A 5011-1 に新たに規定される「環境安全品質基準」に関する試験頻度および試験機関も追記した．

解説表 8.1　BFS の受入検査方法の概要（JIS Q 1011 の附属書 A による）

骨材の種類 品質項目	高炉スラグ細骨材			
	JIS マーク品		その他	
	試験頻度	試験機関	試験頻度	試験機関
製造者[(1)]・種類・外観	入荷の都度	a	入荷の都度	a
JIS マーク確認	入荷の都度	a	—	—
絶乾密度／吸水率	1 回以上／月	c	1 回以上／月	a，b，c
粒度／粗粒率	1 回以上／月	c	1 回以上／月	a，b，c
微粒分量[(2)]	1 回以上／月	a，b，c	1 回以上／月	a，b，c
酸化カルシウム（CaO として）	1 回以上／月	a，b，c	1 回以上／月	a，b，c
全硫黄（S として）	1 回以上／月	b，c	1 回以上／月	a，b，c
三酸化硫黄（SO_3 として）	1 回以上／月	b，c	1 回以上／月	a，b，c
全鉄（FeO として）	1 回以上／月	b，c	1 回以上／月	a，b，c
単位容積質量	1 回以上／月	c	1 回以上／月	a，b，c
環境安全品質基準（溶出量，含有量）[(3)]	1 回以上／月	b	1 回以上／月	b

　試験機関の凡例
　　a：申請者の工場（レディーミクストコンクリート工場）
　　b：申請者の工場又は骨材製造業者が "公平であり妥当な試験のデータ及び結果を出す十分な能力をもつ第三者試験機関[(4)]" へ依頼した試験成績表
　　c：骨材製造業者の試験成績表

［注］(1) JIS Q 1011 には規定されていない．
　　(2) JIS A 1801（コンクリート生産工程管理用試験—コンクリート用細骨材の砂当量試験方法）によってもよい．この場合，JIS A 1103（骨材の微粒分量試験方法）に基づく試験を 1 回以上／12 か月行い，JIS A 1801 に基づく方法との相関関係を把握する．
　　(3) JIS A 5011-1 の 2013 年の改正予定を踏まえて追記した．
　　(4) "公平であり妥当な試験のデータ及び結果を出す十分な能力をもつ第三者試験機関" は，次のことをいう．
　　　a）JIS Q 17025（試験所及び校正機関の能力に関する一般的要求事項）に適合することを認定機関によって，認定された試験機関
　　　b）JIS Q 17025 のうち該当する部分に適合していることを自らが証明している試験機関であり，かつ，次のいずれかとする．
　　　　1）中小企業近代化促進法（又は中小企業近代資金等助成法）に基づく構造改善計画等によって設立された共同試験場
　　　　2）国公立の試験機関
　　　　3）民法第 34 条によって設立を認可された機関

b．BFS以外の細骨材の受入検査は，細骨材の種類ごとにJIS Q 1011の附属書Aに従って試験頻度（検査頻度）および試験機関を定め，4.2節に適合していることを確認する．

c．BFSを混合使用する場合で，コンクリート製造時に別々に計量して使用する場合は，a項，b項と同様とする．

d．BFSを他の細骨材と混合使用する場合で，混合砂を使用する場合の対応方法を以下に示す．なお，本指針では，混合砂はすべて「異種類の骨材を混合して使用する場合」を適用する．

（1）混合前の各細骨材の管理

混合前の各細骨材は，山元（採取場所）または中継場所（荷揚げ地）など，骨材を混合している場所から，定期的に試料を採取して試験を行い，各細骨材の種類，製造者または産地および品質をa項またはb項に従って管理する．

（2）混合砂の管理

混合砂の品質は，4.2節に適合していることを試験または(1)の試験結果から計算により確認する．なお，各細骨材の混合割合は，骨材製造者等（骨材製造者，骨材販売者等）から提出された試験成績表によって確認する．また，必要に応じて，限度見本などを用い，試験成績表に記載された各細骨材の混合割合の妥当性を検証する．

8.3 コンクリート製造時の品質管理

> a．レディーミクストコンクリート工場における材料の品質管理およびコンクリートの製造管理は，JIS A 5308（レディーミクストコンクリート）およびJASS 5の11節による．
> b．高炉スラグ細骨材を使用するコンクリートを工事現場で製造する場合の材料の品質管理およびコンクリートの製造管理は，a項に準じて行う．

a．レディーミクストコンクリート工場におけるコンクリート製造時の品質管理内容は，JIS A 5308（レディーミクストコンクリート）およびJIS Q 1011に示されている．

また，これらの規定に基づいて全国生コンクリート工業組合連合会では「生コンクリート品質管理ガイドブック」を作成してレディーミクストコンクリート工場の管理の基準を示しており，これらの基準に従えば，必要な品質を十分満足するBFSを使用するコンクリートを製造できると考えられる．

一方，JASS 5の11.3項では，施工者は，生産者がJIS A 5308の細分箇条8.6による品質管理を行っていることを確認し，必要に応じて生産者から品質管理結果を提示させ，所定の品質のコンクリートが生産されているかどうかを確認することとなっている．このことはBFSを使用するコンクリートの場合も特に変わることはない．そこで，使用材料の品質管理および練上がりコンクリートの製造管理・検査は，JIS A 5308およびJASS 5の11節によることとした．

b．BFSを使用するコンクリートを工事現場に設置した製造設備を用いて製造する場合の品質管理は，一般のコンクリートと特に変わることはない．したがって，使用材料およびコンクリートの品質管理については上記のa項に示したレディーミクストコンクリートの管理方法に準じて管理

すればよい．

8.4 使用するコンクリートの品質管理

> 高炉スラグ細骨材を使用するコンクリートの受入れ時の品質検査は，JIS A 5308（レディーミクストコンクリート）および JASS 5 の 11 節による

　BFS を使用するコンクリートの受入時の品質検査は，JIS A 5308 および JASS 5 の 11 節に従って，一般のコンクリートと同様に行う．

8.5 構造体コンクリート強度の検査

> 高炉スラグ細骨材を使用するコンクリートの構造体コンクリート強度の検査は，JASS 5 の 11 節による．

　BFS を使用するコンクリートの構造体コンクリート強度の検査は，JASS 5 の 11 節に従って，一般のコンクリートと同様に行う．

9章　高強度コンクリート

9.1　総　　則

> 本章は，高炉スラグ細骨材を使用する高強度コンクリートの調合設計および品質管理に適用する．

　本会の高炉スラグ細骨材ワーキンググループの研究成果[1]や関連する実機実験結果[2]によると，設計基準強度が 60 N/mm^2 以下の場合，BFS を使用した高強度コンクリートのフレッシュ性状や硬化性状は，砂や砕砂などの普通細骨材を使用した高強度コンクリート（以下，一般の高強度コンクリートという．）とおおむね同様である．特に，BFS 混合率が 30% 以下の高強度コンクリートの諸性状は，使用する BFS の種類にかかわらず，一般の高強度コンクリートと同様と判断してよい．

　ただし，BFS を使用する高強度コンクリートは，BFS 混合率によって，同一のワーカビリティーを得るのに要する高性能 AE 減水剤の使用量，同一強度を得るための水セメント比，構造体コンクリートの温度上昇量，材齢の経過に伴う強度発現性などが，一般の高強度コンクリートと若干異なる特性を示す場合がある．

　そこで，本章では，BFS を使用する高強度コンクリートの調合設計および品質管理において，特に留意すべき事項について記述した．

9.2　コンクリートの品質

> a．高炉スラグ細骨材を使用する高強度コンクリートの設計基準強度は，36 N/mm^2 を超え，60 N/mm^2 以下の範囲とする．設計基準強度が 60 N/mm^2 を超える高強度コンクリートの品質，材料，調合および品質管理の方法は，試験または信頼できる資料により，所要の品質が得られることを確かめる．
> b．高炉スラグ細骨材を使用する高強度コンクリートの圧縮強度についての規定は，JASS 5 の 17 節による．
> c．高炉スラグ細骨材を使用する高強度コンクリートのワーカビリティーおよびスランプについての規定は，JASS 5 の 17 節による．

　a．本指針は，BFS を使用する設計基準強度が 36～60 N/mm^2 の高強度コンクリートを念頭において記述している．これは，解説表 9.1〔本指針の付録 6 参照〕に示すように，BFS を使用したこの範囲の高強度コンクリートについては，すでに複数の出荷実績（施工実績）があるからである．

　BFS を使用する設計基準強度が 60 N/mm^2 を超えるコンクリートについては，現時点では出荷実績がないため，その適用にあたっては十分な検討が必要である．設計基準強度が 60 N/mm^2 を超えるコンクリートの仕様（品質，材料，調合および品質管理の方法等）は，信頼できる資料または試験により，所要の品質が得られることを確かめて，詳細を決めなければならない．その場合は，

解説表 9.1　BFS を使用するコンクリートの出荷実績

地　区	使用開始年	件　数	呼び強度の範囲	BFS 混合率（％）	出荷量 (m^3)
東　海	2006 年	11	36～42	30	25 400
近　畿	2005 年	41	36～60	20～40	49 400
	2007 年	4	50～	20～40	2 800
中　国	2006 年	7	42～60	40～60	12 200
	2007 年	2	50～	60	700
四　国	2011 年	2	36～42	23.5～30	2 300
合　計		67	36～60	20～60	92 800

JASS 5 の 17 節および本会「高強度コンクリート施工指針（案）・同解説」を参考にするとよい．

なお，本指針では，現時点では一般的ではないが，高強度コンクリートに BFS を単独使用する場合も考慮して記述している．

　b．BFS を使用する高強度コンクリートの圧縮強度についての規定は，JASS 5 の 17 節による．

使用するコンクリートの強度は，調合強度を定めるための基準とする材齢（特記のない場合は 28 日）において，調合管理強度以上とする．

構造体コンクリート強度は，構造体コンクリート強度を保証する材齢（特記のない場合は 91 日）において，設計基準強度以上とする．また，構造体コンクリート強度は，標準養生した供試体の圧縮強度を基に合理的な方法で推定した強度，または構造体温度養生した供試体の圧縮強度で表し，次の（1）または（2）を満足するものとする．

（1）　標準養生した供試体による場合，調合強度を定めるための基準とする材齢において調合管理強度以上とする．

（2）　構造体温度養生した供試体による場合，構造体コンクリート強度を保証する材齢において設計基準強度に 3 N/mm^2 を加えた値以上とする．

　解説表 9.2 は，BFS を使用したコンクリートの圧縮強度と天然骨材（陸砂）を使用したコンクリートの圧縮強度との関係（圧縮強度比）を水セメント比別に示した一例[1])である．解説表 9.2 によると，BFS を使用したコンクリートの強度発現性は，水セメント比および BFS 混合率によって異なる傾向が認められる．

　水セメント比 55％の場合，BFS を使用するコンクリートの圧縮強度比は，BFS の種類や混合率にかかわらず，材齢の経過に伴って増加する傾向にある．天然骨材を使用するコンクリートに対する圧縮強度比は，材齢 1 週および材齢 4 週では 0.87～1.02 の範囲であるが，材齢 13 週では 0.96～1.14 となり，圧縮強度は天然骨材を使用するコンクリートと同程度か，やや上回る値となっている．

　一方，水セメント比 30％の場合は，材齢の経過に伴う圧縮強度比の増加は期待できず，材齢 13 週における圧縮強度比は，BFS 混合率 50％で 0.95，BFS 混合率 100％で 0.83～0.87 の範囲であ

解説表9.2 BFSを使用するコンクリートの強度発現性の一例[1]

BFS		天然骨材（陸砂）を使用する場合に対する圧縮強度比[(1)]					
銘柄	混合率(%)	水セメント比：55%			水セメント比：30%		
		材齢1週	材齢4週	材齢13週	材齢1週	材齢4週	材齢13週
天然骨材	0	1.00	1.00	1.00	1.00	1.00	1.00
H	50	1.02	0.97	1.01	0.92	0.96	0.95
	100	0.91	0.90	0.96	0.83	0.87	0.87
B	50	0.97	0.96	1.07	0.93	0.99	0.95
	100	0.90	0.91	1.14	0.82	0.91	0.86
R	50	0.94	0.98	1.00	0.90	0.95	0.95
	100	0.87	0.97	1.00	0.82	0.86	0.83
平均	50	0.98	0.97	1.03	0.92	0.97	0.95
	100	0.89	0.93	1.03	0.82	0.88	0.86

［注］(1) 圧縮強度と水セメント比の関係から求めた回帰式によって算出した値．

り，いずれも天然骨材を使用するコンクリートの圧縮強度を下回っている．

　BFSを高強度コンクリートに適用する場合は，水セメント比（強度レベル）やBFSの混合率によって，材齢の経過に伴う強度発現性が異なることをあらかじめ考慮しておく必要がある．

　c．BFSを使用する高強度コンクリートのワーカビリティーおよびスランプについての規定は，JASS 5の17節による．

　具体的には，フレッシュコンクリートの流動性はスランプまたはスランプフローで表し，設計基準強度が45 N/mm²未満の場合はスランプ21 cm以下またはスランプフロー50 cm以下，設計基準強度が45 N/mm²以上，60 N/mm²以下の場合はスランプ21 cm以下またはスランプフロー60 cm以下とする．

9.3 コンクリートの材料

> a．高炉スラグ細骨材を使用する高強度コンクリートの細骨材は，4.2節による．ただし，砕砂の微粒分量は5.0%以下とし，高炉スラグ細骨材以外のスラグ細骨材および再生細骨材Hは使用しない．
> b．高炉スラグ細骨材を使用する高強度コンクリートの細骨材以外の材料は，JASS 5の17節による．

　a．JASS 5では，高強度コンクリートに使用する骨材について，特記のない場合は，砕石・砕砂または砂利・砂に限定している．前述したように，BFSは高強度コンクリートに適用できることが実験等で確認されているが，BFS以外のスラグ細骨材や再生細骨材Hについては，信頼できる資料や使用実績がないため，JASS 5の17節に従って，BFSを使用する高強度コンクリートには使用しないことを標準とした．BFS以外のスラグ細骨材や再生細骨材Hの高強度コンクリートへの適用については，別途検討する必要がある．

なお，砕砂の微粒分量は，JIS A 5005（コンクリート用砕石及び砕砂）では，許容差を含めた最大値を9.0％と規定しているが，JASS 5 の 17 節の規定に合わせて 5.0％以下とした．

b．BFS を使用する高強度コンクリートの細骨材以外の材料は，JASS 5 の 17 節による．

具体的には，セメントは JIS R 5210（ポルトランドセメント）に規定する普通，中庸熱および低熱ポルトランドセメント，JIS R 5211（高炉セメント）に規定する高炉セメント A 種および B 種，JIS R 5213（フライアッシュセメント）に規定するフライアッシュセメント A 種および B 種に適合するものとする．

粗骨材は，高強度コンクリートとして所定の圧縮強度およびヤング係数が得られるものとし，JIS A 5005（コンクリート用砕石及び砕砂）に適合する砕石，または砂利とする．ただし，砕石の粒形判定実積率は 57％以上とする．また，砕石および砂利は，JIS A 1145［骨材のアルカリシリカ反応性試験方法（化学法）］，または JIS A 1146［骨材のアルカリシリカ反応性試験方法（モルタルバー法）］によって無害と判定されたものとする．

水は，JIS A 5308（レディーミクストコンクリート）附属書 C（規定）（レディーミクストコンクリートの練混ぜに用いる水）に適合する上水道水および上水道水以外の水とし，回収水は使用しない．

混和剤は，JIS A 6204（コンクリート用化学混和剤）に適合するものとし，高炉スラグ微粉末，フライアッシュまたはシリカフュームを結合材の一部として使用する場合は，それぞれ JIS A 6206（コンクリート用高炉スラグ微粉末），JIS A 6201（コンクリート用フライアッシュ），JIS A 6207（コンクリート用シリカフューム）に適合するものとする．

9.4 調　　合

> 高炉スラグ細骨材を使用する高強度コンクリートの調合は，5 章および JASS 5 の 17 節による．ただし，構造体強度補正値（$_mS_n$）は，信頼できる資料または試験によって定める．

高強度コンクリートの調合の関連事項についても，一般の高強度コンクリートと同様，BFS 混合率が 30％以下の場合は，JASS 5 の 17 節によればよい．ただし，BFS 混合率が高い場合，あるいは，BFS を単独使用する高強度コンクリートにおいては，一般の高強度コンクリートとやや異なる性状を示す場合があるため，以下の点について留意する必要がある．

［コンクリート温度］

2 章でも示したが，BFS を使用するコンクリートを打ち込んだ構造体コンクリートの温度上昇量は，一般のコンクリートの場合と比較して高くなる傾向がある．これは，単位水量（単位セメント量）の増大など調合上の影響もあるが，既往の文献[2]によると，BFS を使用するコンクリートの熱拡散係数が一般のコンクリートと比較して小さいことが要因の 1 つと考えられる．

解説表 9.3 は，高強度コンクリートを打ち込んだ模擬柱（1000×1000×1000 mm）および簡易断熱養生におけるコンクリート温度の上昇量を示した一例[3]である．解説表 9.3 によると，BFS を使用した高強度コンクリートを打ち込んだ構造体の温度上昇量は，水セメント比は異なるが，一般の高強度コンクリートの場合と比較して 5℃程度高い値となっている．

解説表 9.3　模擬柱および簡易断熱養生における温度上昇量の一例[3]

セメントの種類	W/C (%)	単位セメント量 (kg/m³)	細骨材の種類	BFS 銘柄	BFS 混合率(%)	測定部位	温度上昇量（℃）標準期	夏期	冬期
中庸熱ポルトランドセメント	30	583	山砂＋BFS	T	30	模擬体端部	26.4	34.7	26.2
						模擬体中心部	44.3	54.0	44.7
						簡易断熱養生	43.4	40.2	41.5
	30	583	（山砂＋砕砂）＋BFS	H	30	模擬体端部	27.9	35.8	25.0
						模擬体中心部	47.1	53.5	42.9
						簡易断熱養生	44.3	43.1	40.5
	31	549	（山砂＋砕砂）	—	0	模擬体端部	30.1	—	—
						模擬体中心部	41.5	—	—
						簡易断熱養生	37.9	—	—

　また，解説表 9.4 は，BFS を使用する高強度コンクリートを打ち込んだ壁部材および柱部材を模した模擬構造試験体の最高温度を示した一例[4]である．解説表 9.4 によると，コンクリート部材の温度は，使用するセメントの種類にかかわらず，BFS の単独使用に伴って 1～11℃ 程度高い値となっている．

解説表 9.4　壁部材および柱部材を模した模擬構造試験体の最高温度の一例[4]

セメントの種類	W/C (%)	単位セメント量 (kg/m³)	細骨材の種類	BFS 銘柄	BFS 混合率(%)	部材中心部の最高温度（℃）壁部材 標準期	夏期	冬期	柱部材 標準期	夏期	冬期
シリカフュームセメント	20	825	BFS	SB	100	31	66	24	68	93	64
			川砂	—	0	26	55	23	64	91	59
低熱ポルトランドセメント	30	583	BFS	SB	100	—	—	—	52	73	35
			川砂	—	0				45	69	28
普通ポルトランドセメント	40	460	BFS	SB	100	—	—	—	68	86	—
			川砂	—	0				63	79	—

［構造体強度補正値］

　BFS を使用する高強度コンクリートの構造体強度補正値は，BFS 混合率が 30% 程度の場合は，一般の高強度コンクリートと同程度と判断してよい．

　解説表 9.5 は，中庸熱ポルトランドセメントを使用した実機実験結果の一例[3]であるが，解説表 9.5 によると，BFS を使用する高強度コンクリートの構造体強度補正値は，$_{28}S_{91}$ の場合 0.8～3.1 N/mm²，$_{56}S_{91}$ の場合 1.2～11.5 N/mm² の範囲であり，JASS 5 の 17 節に示された標準値〔解説表 9.6〕とほぼ同程度である．

解説表 9.5 模擬柱から採取したコア供試体の圧縮強度と標準養生強度の関係の一例[3]

W/C (%)	BFS 銘柄	BFS 混合率(%)	時期	養生方法	圧縮強度 (N/mm²) 材齢28日	材齢56日	材齢91日	構造体強度補正値 (N/mm²) $_{28}S_{91}$	$_{56}S_{91}$
25	T	30	標準期	標準養生	96.1	106.8	108.3	0.8	11.5
				模擬体(コア)	90.2	94.6	95.3		
			夏期	標準養生	94.7	98.1	101.1	3.1	6.5
				模擬体(コア)	86.9	89.4	91.6		
			冬期	標準養生	95.1	98.5	104.1	2.1	5.5
				模擬体(コア)	85.9	89.8	93.0		
30	T	30	標準期	標準養生	83.0	88.0	90.6	1.7	6.7
				模擬体(コア)	78.4	80.6	81.3		
			夏期	標準養生	80.6	83.4	86.2	2.1	4.9
				模擬体(コア)	76.0	77.4	78.5		
			冬期	標準養生	78.1	81.8	85.7	2.5	1.2
				模擬体(コア)	75.5	77.9	80.6		
30	H	30	標準期	標準養生	85.0	90.9	92.5	2.7	8.6
				模擬体(コア)	78.8	81.5	82.3		
			夏期	標準養生	83.4	86.8	89.2	1.1	4.5
				模擬体(コア)	76.8	79.9	82.3		
			冬期	標準養生	85.6	89.1	92.7	2.0	5.5
				模擬体(コア)	78.7	79.8	83.6		

解説表 9.6 高強度コンクリートの構造体強度補正値の標準値〔JASS 5 の 17.5 項による〕

セメントの種類	$_mS_n$	設計基準強度の範囲 (N/mm²) $36<F_c\leq48$	$48<F_c\leq60$
普通ポルトランドセメント	$_{28}S_{91}$	9	12
中庸熱ポルトランドセメント	$_{28}S_{91}$	3	5
	$_{56}S_{91}$	6	10
低熱ポルトランドセメント	$_{28}S_{91}$	3	3
	$_{56}S_{91}$	6	10

また,解説表 9.7 は,水セメント比が 20~40%,BFS を 50% および 100% 使用(単独使用)した高強度コンクリートの圧縮強度および構造体強度補正値の一例[4]を示したものである.

解説表 9.7 によると,BFS を 50% 以上混合使用した高強度コンクリートの標準養生強度,構造体強度および構造体強度補正値について,次のことがいえる.

・標準養生強度は,BFS の使用に伴って小さくなる傾向があり,この傾向は,BFS の単独使用

の場合に著しい．また，標準養生強度の低下傾向は，水セメント比（セメントの種類）にかかわらず同様であるが，低下割合は水セメント比によって大きく異なる．
- 構造体強度も標準養生強度と同様，BFSの使用に伴って低下する傾向がある．ただし，その低下割合は標準養生強度より小さい．
- 構造体強度補正値（$_{28}S_{91}$）は，BFSの使用に伴って低下する傾向があり，この傾向は，BFSの単独使用の場合に著しい．なお，川砂を使用するコンクリートの構造体強度補正値（$_{28}S_{91}$）とBFS混合率100％のコンクリートの構造体強度補正値（$_{28}S_{91}$）との差は，部材の種類にかかわらず，最大18 N/mm²程度である．

解説表9.7 標準養生強度と模擬構造試験体から採取したコア供試体強度との関係[4]

セメントの種類	W/C (%)	BFS 銘柄	混合率(%)	時期	圧縮強度（構造体強度補正値）(N/mm²)						
					標準養生		壁部材			柱部材		
					28日	91日	28日	91日	($_{28}S_{91}$)	28日	91日	($_{28}S_{91}$)
シリカフュームセメント	20	川砂	0	標準期	146.9	168.6	111.1	123.3	23.6	131.8	131.9	15.0
		SB	50		133.8	151.6	113.2	124.5	9.3	122.4	128.3	5.5
			100		118.4	129.4	100.7	113.2	5.2	117.5	120.3	−1.9
		川砂	0	夏期	134.1	138.6	135.2	140.2	−6.1	123.1	127.3	6.8
		SB	50		130.2	142.6	120.6	121.4	8.8	127.8	129.8	0.4
			100		123.5	126.7	120.6	121.4	2.1	127.8	129.8	−6.3
低熱ポルトランドセメント	30	川砂	0	標準期	92.8	124.1	64.6	87.2	5.6	79.1	92.8	0.0
		SB	50		74.3	105.2	51.2	72.0	2.3	76.2	86.6	−12.3
			100		62.7	91.0	48.5	66.5	−3.8	70.0	76.8	−14.1
		川砂	0	夏期	96.1	127.8	87.0	94.6	1.5	83.7	90.9	5.2
		SB	50		92.8	119.8	90.6	99.5	−6.7	86.3	96.2	−3.4
			100		74.9	108.2	84.4	91.1	−16.2	84.1	98.1	−23.2
普通ポルトランドセメント	40	川砂	0	標準期	62.2	76.3	63.1	67.9	−5.7	57.8	63.7	−1.5
		SB	50		57.0	69.1	55.2	63.5	−6.5	53.0	59.0	−2.0
			100		45.9	53.6	55.1	62.3	−16.4	51.8	57.2	−11.3
		川砂	0	夏期	60.7	75.8	57.4	64.5	−3.8	52.4	57.1	5.1
		SB	50		57.7	66.2	55.3	61.2	−3.5	48.5	54.8	2.9
			100		54.0	64.9	54.0	59.3	−5.3	47.1	52.7	1.3

［水セメント比］

BFSを使用する高強度コンクリートの水セメント比は，強度レベル，BFS混合率，養生条件等を考慮して定める必要がある．

同一水セメント比で比較すると，BFSを使用する高強度コンクリートの標準養生強度は，一般の高強度コンクリートより小さくなる傾向がある．また，その傾向は，BFS混合率が大きいほど，

水セメント比が小さいほど著しい．したがって，BFS を高強度コンクリートに適用する場合は，BFS 混合率や強度レベルに応じて，所定の強度を得るための水セメント比を低下させる必要がある．

一方，同程度の標準養生強度で比較すると，BFS を使用するコンクリートの構造体強度補正値は，一般の高強度コンクリートより小さくなる傾向がある．したがって，BFS を使用する高強度コンクリートの調合管理強度や調合強度は，一般の高強度コンクリートと比較して低くなるため，水セメント比をやや大きくすることができる場合がある．

上述したように，BFS を使用する高強度コンクリートの強度性状と水セメント比との関係は，強度レベル，BFS 混合率，養生条件等によって，相反する傾向を示す場合がある．したがって，BFS を使用する高強度コンクリートの水セメント比を検討する際には，これらの点を考慮しておくことが重要である．

［単位水量］

BFS を使用するコンクリートは，一般のコンクリートと同程度のワーカビリティーを得るため，通常の強度レベルでは，単位水量を 2〜10％程度増加させる必要がある．

一方，高強度コンクリートの場合は，高性能 AE 減水剤の使用量でワーカビリティーを調整することが可能なため，単位水量を一般の高強度コンクリートと同程度とすることができる．ただし，BFS 混合率が高い場合または単独使用の場合には，コンクリートの状態等を考慮して，単位水量と高性能 AE 減水剤の使用量との関係を検討する必要がある．

BFS を使用した高強度コンクリートの調合結果の一例[1]を解説表 9.8 に示す．

［単位容積質量］

BFS の絶乾密度は，普通細骨材よりやや大きいが，その差がコンクリートの単位容積質量に大

解説表 9.8　BFS を使用した高強度コンクリートの調合結果の一例[1]

セメントの種類	W/C (%)	BFS		単位水量 (kg/m³)	細骨材率 (%)	空気量 (%)	化学混和剤	
		銘柄	混合率(%)				種類	添加率(C×%)
中庸熱ポルトランドセメント	30	—	0	184	47.3	4.5	高性能 AE 減水剤①	1.00
		H	25	181	47.4	4.5		1.00
			50	181	46.8	4.5		1.00
			100	180	46.0	4.5		1.00
		B	50	182	46.6	4.5		1.00
		R	50	182	45.6	4.5		1.00
		J	50	160	49.5	3.5	高性能 AE 減水剤②	0.85
				160	49.5	4.5		0.85
				160	49.5	5.5		0.85
		T	30	175	46.4	4.5	高性能 AE 減水剤③	1.20
		H	30	175	46.4	4.5		1.30

きな影響を及ぼすことはない．したがって，BFS を使用する高強度コンクリートの単位容積質量は，BFS 混合率が高い場合または単独使用においても，一般の高強度コンクリートと同等と見なしてよい．

［空気量］

高強度コンクリートの空気量は，強度発現性を考慮して，設計基準強度 60 N/mm² 級の場合には 2.0～3.0％程度に設定する場合が多い．ただし，JASS 5 の 17 節では，高強度コンクリートの場合であっても凍害のおそれのある場合は，空気量 4.5％を標準とすることが解説表に記載されている．また，JASS 5 の 26 節では，「品質基準強度が 36 N/mm² を超える場合は，空気量の下限値を 3％とすることができる．」と規定している．

BFS を使用する高強度コンクリートも一般の高強度コンクリートと同様，上記の規定を踏まえて，凍害を受けるおそれのある場合の空気量は，4.5±1.5％を標準とすればよい．

ただし，BFS を使用する高強度コンクリートの場合，エントラップトエアが増大する場合があるため，耐凍害性を考慮して，目標空気量および空気量の下限値をやや増加させた方が望ましい．なお，当該コンクリートまたは類似の材料・調合のコンクリートについて，凍結融解試験により耐久性指数が 85％以上であることが確認されている場合は，空気量の下限値を 3％としてよい．

［ヤング係数］

BFS を使用するコンクリートのヤング係数の予測値は，3 章に示したように，細骨材による係数を考慮した方がよい．

BFS を使用する高強度コンクリートのヤング係数の予測値は，(9.1) 式を基に求めることができる．

$$E = 3.5 \times k_1 \times k_1' \times k_2 \times (\gamma/2.4)^2 \times (\sigma_B/60)^{1/3} \tag{9.1}$$

ここに，E：コンクリートのヤング係数（kN/mm²）
γ：コンクリートの気乾単位容積質量（t/m³）
σ_B：コンクリートの圧縮強度（N/mm²）
k_1：粗骨材による係数
k_1'：細骨材による係数
　　　BFS を単独で使用する場合は，$k_1' = 1.1$ としてよい．
k_2：混和材による係数

9.5 コンクリートの製造

> 高炉スラグ細骨材を使用する高強度コンクリートの製造は，6 章および JASS 5 の 17 節による．

BFS を使用する高強度コンクリートの製造は，BFS 混合率にかかわらず，一般の高強度コンクリートと同様，基本的には JASS 5 の 17 節による．

ただし，BFS を使用する高強度コンクリートのフレッシュ性状および硬化性状は，BFS 混合率の影響を受けやすいため，あらかじめ BFS 混合率の許容差（上限値）を定めて管理することが望

ましい．また，高気温時には，BFS が固結する場合があるため，BFS の貯蔵方法についても考慮する必要がある．

さらに，9.4 節に示したように，BFS を使用する高強度コンクリートは，一般の高強度コンクリートと比較して，打込み後のコンクリート温度が高くなる傾向がある．したがって，特に夏期においては，コンクリートの練上がり温度や荷卸し時の温度について留意する必要がある．

9.6 施　　工

> 高炉スラグ細骨材を使用する高強度コンクリートの運搬，打込み・締固めおよび養生は，7 章および JASS 5 の 17 節による．

BFS を使用する高強度コンクリートの施工は，一般の高強度コンクリートと同様，基本的には JASS 5 の 17 節による．

ただし，BFS を使用する高強度コンクリートは，一般の高強度コンクリートと比較して，調合上の要因や熱拡散係数の影響でコンクリート温度が高くなる傾向がある[2]．したがって，特に夏期においては，運搬に伴うワーカビリティーの低下が懸念されるため，この点を考慮しておくことが望ましい．

9.7 品質管理・検査

> 高炉スラグ細骨材を使用する高強度コンクリートの品質管理・検査は，8 章および JASS 5 の 17 節による．

BFS を使用する高強度コンクリートの品質管理・検査は，一般の高強度コンクリートと同様，基本的には JASS 5 の 17 節による．

ただし，前述したように，BFS を使用する高強度コンクリートの諸性状は BFS 混合率の影響を受けやすいため，特に混合砂を使用する場合は，BFS 混合率の管理が重要となる．

また，前述のように，夏期においては，コンクリートの練上がり温度や荷卸し時の温度について留意する必要がある．

参 考 文 献

1) 日本建築学会：高炉スラグ細骨材を用いるコンクリート施工についての調査研究（その 3）報告書，2012.3
2) 友沢史紀，桝田佳寛ほか：模型コンクリート部材による内部温度上昇の測定，昭和 52 年度建築研究所年報，建設省建築研究所，pp. 89-92，1979.3
3) 日本建築学会：高炉スラグ細骨材を用いるコンクリート施工についての調査研究（その 3）報告書，別冊付録 6：高炉スラグ細骨材（BFS）を用いた高強度コンクリートの実機試験結果，2012.3
4) 石　東昇：高炉スラグ細骨材を使用した高強度コンクリートの力学特性および調合設計法に関する研究（宇都宮大学博士号論文），2011.9

付　録
目　次

付録Ⅰ　日本工業規格（案）　コンクリート用スラグ骨材
　　　　—第1部：高炉スラグ骨材　JIS A 5011-1：2013（抜粋） ……………………… 81

付録Ⅱ　高炉スラグ細骨材に関する技術資料
　　1. 高炉スラグの生成と利用………………………………………………………………… 91
　　　　1.1　高炉スラグの種類………………………………………………………………… 91
　　　　1.2　高炉スラグの生成量とその用途………………………………………………… 92
　　2. 高炉スラグ細骨材の製造と利用………………………………………………………… 94
　　　　2.1　高炉スラグ細骨材の製造方法および種類……………………………………… 94
　　　　2.2　高炉スラグ骨材の供給量………………………………………………………… 95
　　　　2.3　高炉スラグ細骨材の利用状況…………………………………………………… 99
　　3. 高炉スラグ細骨材の品質………………………………………………………………… 102
　　　　3.1　日本工業規格（案）JIS A 5011-1：2013………………………………………… 102
　　　　3.2　高炉スラグ細骨材の化学成分…………………………………………………… 103
　　　　3.3　高炉スラグ細骨材の粒度および物理的性質…………………………………… 105
　　　　3.4　アルカリシリカ反応性…………………………………………………………… 108
　　　　3.5　高炉スラグ細骨材の環境安全品質……………………………………………… 109
　　　　3.6　高炉スラグ細骨材の固結現象と貯蔵…………………………………………… 111
　　4. 高炉スラグ細骨材を使用したコンクリートの性質…………………………………… 113
　　　　4.1　調　合……………………………………………………………………………… 113
　　　　4.2　フレッシュコンクリートの性質………………………………………………… 115
　　　　4.3　硬化コンクリートの性質………………………………………………………… 117
　　　　4.4　耐久性……………………………………………………………………………… 123
　　5. 高炉スラグ細骨材を使用した高強度コンクリートの実験結果の紹介……………… 130
　　　　5.1　西日本地域における使用方法を考慮した実験結果の紹介…………………… 130
　　　　5.2　全国生コンクリート工業組合連合会（関東一区）との共同実機実験結果の紹介… 135
　　6. 高炉スラグ細骨材を使用したコンクリートの適用事例……………………………… 146
　　　　6.1　高炉スラグ細骨材を使用したコンクリートの建築用途への適用例………… 146
　　　　6.2　高炉スラグ細骨材を使用したコンクリートの建築用途以外での適用例…… 148

［注］本指針の刊行時に掲載した JIS A 5011-1 の内容は，公示前の案より抜粋したものである．

付録 I

日本工業規格（案）
コンクリート用スラグ骨材—
第1部：高炉スラグ骨材　JIS A 5011-1:2013（抜粋）

JIS A 5011-1：2013

日本工業規格（案）
コンクリート用スラグ骨材—
第1部：高炉スラグ骨材(抜粋)

Slag aggregate for concrete-Part 1: Blast furnace slag aggregate

序　　文　この規格は，1977年に制定されたJIS A 5011 コンクリート用高炉スラグ粗骨材及び1981年に制定されたJIS A 5012 コンクリート用高炉スラグ細骨材を1997年にJIS A 5011-1（コンクリート用スラグ骨材−第1部：高炉スラグ骨材）に統合したものであり，その後2回の改正を経て今日に至っている．前回の改正は2003年に行われたが，その後，日本工業標準調査会の土木技術専門委員会及び建築技術専門委員会によって，"建設分野の規格への環境側面の導入に関する指針"（2003年3月28日土木技術専門委員会・建築技術専門委員会議決）の附属書1として"コンクリート用スラグ骨材に環境安全品質及びその検査方法を導入するための指針"が2011年7月12日付けで策定されたことから，これに対応するために改正した．また，技術上重要な改正に関する旧規格との対照を附属書Dに記載する．

なお，対応国際規格は現時点で制定されていない．

1. 適用範囲　この規格は，コンクリートに使用する高炉スラグ骨材について規定する．

2. 引用規格　次に掲げる規格は，この規格に引用されることによって，この規格の規定の一部を構成する．これらの引用規格は，その最新版（追補を含む．）を適用する．

　　JIS A 1102　骨材のふるい分け試験方法
　　JIS A 1103　骨材の微粒分量試験方法
　　JIS A 1104　骨材の単位容積質量及び実積率試験方法
　　JIS A 1109　細骨材の密度及び吸水率試験方法
　　JIS A 1110　粗骨材の密度及び吸水率試験方法
　　JIS K 0050　化学分析方法通則
　　JIS K 0058-1　スラグ類の化学物質試験方法—第1部：溶出量試験方法
　　JIS K 0058-2　スラグ類の化学物質試験方法—第2部：含有量試験方法
　　JIS K 0115　吸光光度分析通則
　　JIS K 0116　発光分光分析通則
　　JIS K 0119　蛍光X線分析通則
　　JIS K 0121　原子吸光分析通則
　　JIS K 8001　試薬試験方法通則
　　JIS Q 17025　試験所及び校正機関の能力に関する一般要求事項
　　JIS Q 17050-1　適合性評価−供給者適合宣言−第1部：一般要求事項

JIS Q 17050-2　適合性評価－供給者適合宣言－第2部：支援文書
JIS R 1306　化学分析用磁器燃焼ボート
JIS R 5202　セメントの化学分析方法
JIS R 5204　セメントの蛍光X線分析方法
JIS Z 8801-1　試験用ふるい—第1部：金属製網ふるい
JIS Z 9015-0　計数値検査に対する抜取検査手順—第0部：JIS Z 9015抜取検査システム序論

3. 用語及び定義　この規格で用いる主な用語及び定義は，次による．

3.1 環境安全品質　高炉スラグ骨材の出荷から，コンクリート構造物の施工，コンクリート製品の製造時及び利用時までだけでなく，その利用が終了し，解体後の再利用時又は最終処分時も含めたライフサイクルの合理的に想定し得る範囲において，高炉スラグ骨材から影響を受ける土壌，地下水，海水などの環境媒体が，各々の環境基準などを満足できるように，高炉スラグ骨材が確保すべき品質．

3.2 環境安全形式検査　コンクリート用骨材として使用するために粒度調整及び他の材料との混合など（他のスラグ骨材を混合する場合を含む．）の加工を行った後，環境安全品質を除く品質要求事項を満足することを確認した高炉スラグ骨材が，環境安全品質を満足するかどうかを判定するために行う検査（以下，形式検査という．）．

3.3 環境安全受渡検査　形式検査に合格したものと同じ製造条件の高炉スラグ骨材の受渡しの際に，その環境安全品質を保証するために行う検査（以下，受渡検査という．）．

3.4 利用模擬試料　高炉スラグ骨材の出荷から，利用が終了し，解体後の再利用時又は最終処分時も含めたライフサイクルの合理的に想定し得る範囲の中で，環境安全性に関して最も配慮すべき高炉スラグ骨材の状態を模擬した試料．この試料は，形式検査に用いる．

3.5 高炉スラグ骨材試料　形式検査又は受渡検査に用いるために，適切な試料採取方法で採取した高炉スラグ骨材．

3.6 環境安全品質基準　環境安全品質として必要と認める検査項目について定められた，溶出量及び含有量で示される基準値の総称．ただし，3.11に規定する港湾用途に限っては，溶出量だけで示される．形式検査結果の判定において参照する．

3.7 環境安全受渡検査判定値　受渡検査において，環境安全品質基準への適合性を高炉スラグ骨材試料を用いて保証するために参照する値（以下，受渡検査判定値という．）．

3.8 環境安全形式試験　形式検査において，高炉スラグ骨材の環境安全品質基準に対する適合性を判定するために実施する試験（以下，形式試験という．）．溶出量試験及び含有量試験で構成される．ただし，3.11に規定する港湾用途に限っては溶出量試験だけによる．

3.9 環境安全受渡試験　受渡検査において，高炉スラグ骨材の受渡検査判定値に対する適合性を判定するために実施する試験（以下，受渡試験という．）．溶出量試験及び含有量試験で構成される．ただし，3.11に規定する港湾用途に限っては溶出量試験だけによる．

3.10 一般用途　高炉スラグ骨材を用いるコンクリート構造物又はコンクリート製品（以下，コンクリート構造物などという）の用途のうち，3.11に規定する港湾用途を除いた一般的な土木・

建築用の用途.

3.11 港湾用途 高炉スラグ骨材を用いるコンクリート構造物等の用途のうち,海水と接する港湾の施設又はそれに関係する施設で半永久的に使用され,解体・再利用されることのない用途. 港湾に使用する場合であっても再利用を予定する場合は,一般用途として取り扱わなければならない.

注記 用途の具体例としては,岸壁,防波堤,護岸,堤防,突堤等が該当する.

4. 種類,区分及び呼び方

4.1 種類 高炉スラグ骨材の種類は,表1による.

4.2 粒度による区分 高炉スラグ骨材の粒度による区分は,次による.

表1 種類

種類	記号	摘要
高炉スラグ粗骨材	BFG	溶鉱炉でせん鉄と同時に生成する溶融スラグを徐冷し,粒度調整したもの
高炉スラグ細骨材	BFS	溶鉱炉でせん鉄と同時に生成する溶融スラグを水,空気などによって急冷し,粒度調整したもの

a) 高炉スラグ粗骨材の粒度による区分は,**表2**による.

b) 高炉スラグ細骨材の粒度による区分は,**表3**による.

表2 高炉スラグ粗骨材の粒度による区分

区分	粒の大きさの範囲 mm	記号
高炉スラグ粗骨材 4005	40〜 5	BFG40-05
高炉スラグ粗骨材 4020	40〜20	BFG40-20
高炉スラグ粗骨材 2505	25〜 5	BFG25-05
高炉スラグ粗骨材 2005	20〜 5	BFG20-05
高炉スラグ粗骨材 2015	20〜15	BFG20-15
高炉スラグ粗骨材 1505	15〜 5	BFG15-05

4.3 高炉スラグ粗骨材の絶乾密度,吸水率及び単位容積質量による区分 高炉スラグ粗骨材の絶

表3 高炉スラグ細骨材の粒度による区分

区分	粒の大きさの範囲 mm	記号
5 mm 高炉スラグ細骨材	5以下	BFS5
2.5 mm 高炉スラグ細骨材	2.5以下	BFS2.5
1.2 mm 高炉スラグ細骨材	1.2以下	BFS1.2
5〜0.3 mm 高炉スラグ細骨材	5〜0.3	BFS5-0.3

乾密度,吸水率及び単位容積質量による区分は,**表4**による.

表4 高炉スラグ粗骨材の絶乾密度，吸水率及び単位容積質量による区分

区分	絶乾密度 g/cm³	吸水率 %	単位容積質量 kg/L
L	2.2 以上	6.0 以下	1.25 以上
N	2.4 以上	4.0 以下	1.35 以上

4.4 呼 び 方 高炉スラグ骨材の呼び方は，次による．

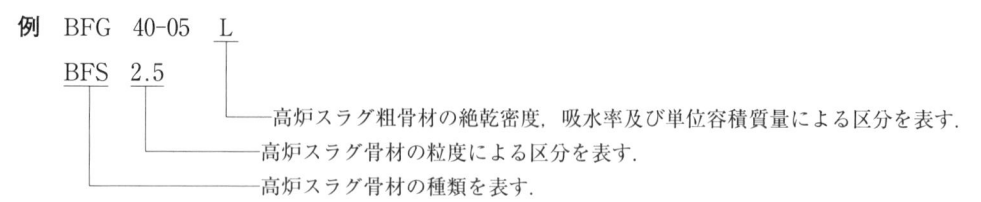

例　BFG　40-05　L
　　BFS　2.5

　└─ 高炉スラグ骨材の種類を表す．
　　　└─ 高炉スラグ骨材の粒度による区分を表す．
　　　　└─ 高炉スラグ粗骨材の絶乾密度，吸水率及び単位容積質量による区分を表す．

5. 品 質

5.1 一 般 事 項 高炉スラグ骨材は，保管中及びコンクリートとして使用したときに，その使用環境及びコンクリートの品質に悪影響を及ぼす物質を有害量含んではならない．

5.2 化学成分及び物理的性質 高炉スラグ骨材の化学成分及び物理的性質は，6.2～6.4によって試験を行い，表5の規定に適合しなければならない．

表5 化学成分及び物理的性質

項　　目		高炉スラグ粗骨材 L	高炉スラグ粗骨材 N	高炉スラグ細骨材	適用試験箇条
化学成分	酸化カルシウム（CaO として） %	45.0 以下	45.0 以下	45.0 以下	6.2
	全硫黄（S として） %	2.0 以下	2.0 以下	2.0 以下	
	三酸化硫黄（SO₃ として） %	0.5 以下	0.5 以下	0.5 以下	
	全鉄（FeO として） %	3.0 以下	3.0 以下	3.0 以下	
絶乾密度	g/cm³	2.2 以上	2.4 以上	2.5 以上	6.3
吸水率	%	6.0 以下	4.0 以下	3.0 以下	
単位容積質量	kg/L	1.25 以上	1.35 以上	1.45 以上	6.4

5.3 粒度，粗粒率及び微粒分量

5.3.1 高炉スラグ粗骨材 高炉スラグ粗骨材の粒度，粗粒率及び微粒分量は，次による．

a) **粒　　度** 高炉スラグ粗骨材の粒度は，6.5によって試験を行い，表6に示す範囲のものでなければならない．

b) **粗 粒 率** 高炉スラグ粗骨材の粗粒率は，製造業者と購入者が協議によって定めた粗粒率に対して ±0.30 の範囲のものでなければならない．

c) **微 粒 分 量** 高炉スラグ粗骨材の微粒分量は，6.6によって試験を行い，次による．

1) 高炉スラグ粗骨材の微粒分量は，2)に定める許容差の範囲内でばらつきが生じても 5.0% を超えないように，製造業者と購入者が協議によって定める．

2) 高炉スラグ粗骨材の微粒分量の許容差は，1)で定めた協議値に対して ±1.0% とする．

表6 高炉スラグ粗骨材の粒度

単位 %

区　　分	ふるいを通るものの質量分率 ふるいの呼び寸法a) mm						
	50	40	25	20	15	10	5
高炉スラグ粗骨材 4005	100	95～100	—	35～70	—	10～30	0～5
高炉スラグ粗骨材 4020	100	90～100	20～55	0～15	—	0～5	—
高炉スラグ粗骨材 2505	—	100	95～100	—	30～70	—	0～10
高炉スラグ粗骨材 2005	—	—	100	90～100	—	20～55	0～10
高炉スラグ粗骨材 2015	—	—	100	90～100	—	0～10	0～5
高炉スラグ粗骨材 1505	—	—	—	100	90～100	40～70	0～15

注 a) ふるいの呼び寸法は，それぞれ JIS Z 8801-1 に規定するふるいの公称目開き 53 mm，37.5 mm，26.5 mm，19 mm，16 mm，9.5 mm 及び 4.75 mm である．

5.3.2 高炉スラグ細骨材 高炉スラグ細骨材の粒度，粗粒率及び微粒分量は，次による．

a) **粒　　度** 高炉スラグ細骨材の粒度は，6.5 によって試験を行い，**表7**に示す範囲のものでなければならない．

表7 高炉スラグ細骨材の粒度

単位 %

区　　分	ふるいを通るものの質量分率 ふるいの呼び寸法a) mm						
	10	5	2.5	1.2	0.6	0.3	0.15
5 mm 　高炉スラグ細骨材	100	90～100	80～100	50～90	25～65	10～35	2～15
2.5 mm 高炉スラグ細骨材	100	95～100	85～100	60～95	30～70	10～45	2～20
1.2 mm 高炉スラグ細骨材	—	100	95～100	80～100	35～80	15～50	2～20
5～0.3 mm 高炉スラグ細骨材	100	95～100	65～100	10～70	0～40	0～15	0～10

注 a) ふるいの呼び寸法は，それぞれ JIS Z 8801-1 に規定するふるいの公称目開き 9.5 mm，4.75 mm，2.36 mm，1.18 mm，600 μm，300 μm 及び 150 μm である．

b) **粗　粒　率** 高炉スラグ細骨材の粗粒率は，製造業者と購入者が協議によって定めた粗粒率に対して ±0.20 の範囲のものでなければならない．

c) **微 粒 分 量** 高炉スラグ細骨材の微粒分量は，6.6 によって試験を行い，次による．
  1) 高炉スラグ細骨材の微粒分量は，2)に定める許容差の範囲内でばらつきが生じても 7.0% を超えないように，製造業者と購入者が協議によって定める．
  2) 高炉スラグ細骨材の微粒分量の許容差は，1)で定めた協議値に対して ±2.0% とする．

5.4 高炉スラグ細骨材の高気温時における貯蔵の安定性 高炉スラグ細骨材の高気温時における貯蔵の安定性は，受渡当事者間の協定によって確認する．

注記 貯蔵の安定性を確認する場合は，**附属書B**によって試験を行い，判定結果が A の場合は，安定とする．

5.5 環境安全品質基準 環境安全品質基準は，高炉スラグ骨材を用いるコンクリート構造物などの用途に応じて，次のいずれかによる．

なお，高炉スラグ骨材を用いるコンクリート構造物などの用途が特定できない場合は，一般用途として取り扱う．

a) **一般用途の場合** 高炉スラグ骨材を用いるコンクリート構造物等の用途が一般用途の場合の環境安全品質は，6.7によって試験を行い，表8の規定に適合しなければならない．

表8 一般用途の場合の環境安全品質基準

項　　目	溶出量　mg/L	含有量[a]　mg/kg
カドミウム	0.01　以下	150　以下
鉛	0.01　以下	150　以下
六価クロム	0.05　以下	250　以下
ひ素	0.01　以下	150　以下
水銀	0.0005　以下	15　以下
セレン	0.01　以下	150　以下
ふっ素	0.8　以下	4000　以下
ほう素	1　以下	4000　以下

注　a) ここでいう含有量とは，同語が一般的に意味する"全含有量"とは異なることに注意を要する．

b) **港湾用途の場合** 高炉スラグ骨材を用いるコンクリート構造物等の用途が港湾用途の場合の環境安全品質は，6.7によって試験を行い，表9の規定に適合しなければならない．

なお，港湾用途に使用される場合であっても再利用を予定する場合は，一般用途として取り扱う．

表9 港湾用途の場合の環境安全品質基準

項　　目	溶出量　mg/L
カドミウム	0.03　以下
鉛	0.03　以下
六価クロム	0.15　以下
ひ素	0.03　以下
水銀	0.0015　以下
セレン	0.03　以下
ふっ素	15　以下
ほう素	20　以下

6. 試験方法

6.1 試料の採取及び縮分　試料は，代表的なものを採取し，合理的な方法によって縮分する．

6.2 化学分析試験　高炉スラグ骨材の化学分析試験は，附属書Aによる．

6.3 絶乾密度及び吸水率試験　高炉スラグ骨材の絶乾密度及び吸水率試験は，次による．

a) **高炉スラグ粗骨材** 高炉スラグ粗骨材の絶乾密度及び吸水率試験は，JIS A 1110による．

なお，JIS A 1110の4．(試料) c)の試料は，JIS A 1110の4．a)の試料を水で十分に洗って，粒の表面に付いているごみ，その他を取り除いて温度105±5℃で一定質量となるまで乾燥し，室温まで冷やした後，20±5℃の水中で24時間吸水させたものとする．

b) **高炉スラグ細骨材** 高炉スラグ細骨材の絶乾密度及び吸水率試験は，JIS A 1109による．

なお，微粒分の少ない5～0.3 mm高炉スラグ細骨材の表面乾燥飽水状態の作り方は，JIS A 1109の4．(試料) a)の試料をJIS A 1109の4．b)によって24時間吸水後，JIS A 1110の4．d)による．この場合には，報告事項にその旨を付記する．また，微粒分の多い高炉スラグ細骨材の場合は，JIS A 1103に規定する方法によって洗ったものを試料とすることができる．この場合には，報告事項にその旨を付記する．

6.4 単位容積質量試験 高炉スラグ骨材の単位容積質量試験は，JIS A 1104による．

6.5 粒度試験 高炉スラグ骨材の粒度試験は，JIS A 1102による．

6.6 微粒分量試験 高炉スラグ骨材の微粒分量の試験は，JIS A 1103による．

6.7 環境安全品質試験 高炉スラグ骨材の環境安全品質試験は，**附属書C**による．

7. 検査

7.1 化学成分，物理的性質，粒度，粗粒率及び微粒分量の検査 化学成分，物理的性質，粒度，粗粒率及び微粒分量の検査は，JIS Z 9015-0又は受渡当事者間の協定によってロットの大きさ決定し，合理的なサンプリング方法によって試料を採取し，6.1～6.6によって試験を行い，5.1～5.3の規定に適合したものを合格とする．

なお，受渡当事者間の協定によって，検査項目の一部を省略することができる．

7.2 環境安全品質の検査

7.2.1 検査の種類 高炉スラグ骨材の環境安全品質の検査は，形式検査と受渡検査に区分する．

7.2.2 検査項目 高炉スラグ骨材の環境安全品質の検査は，高炉スラグ骨材を用いるコンクリート構造物などの用途に応じて，**表10**及び**表11**の〇印で示す項目について行う．

表10 一般用途の場合の環境安全品質の検査項目

項　　目	形式検査		受渡検査	
	溶出量	含有量	溶出量	含有量
カドミウム	〇	〇	—	—
鉛	〇	〇	—	—
六価クロム	〇	〇	—	—
ひ素	〇	〇	—	—
水銀	〇	〇	—	—
セレン	〇	〇	〇	〇
ふっ素	〇	〇	〇	〇
ほう素	〇	〇	〇	〇

表 11 港湾用途の場合の環境安全品質の検査項目

項　　目	形式検査 溶出量	受渡検査 溶出量
カドミウム	○	―
鉛	○	―
六価クロム	○	―
ひ素	○	―
水銀	○	―
セレン	○	○
ふっ素	○	○
ほう素	○	○

なお，高炉スラグ骨材を用いるコンクリート構造物等の用途が特定できない場合，及び港湾用途に使用される場合であっても再利用を予定する場合は，一般用途として取り扱う．

7.2.3 検査方法 高炉スラグ骨材の環境安全品質の検査方法は，次による．

a) **形式検査** 形式検査は，6.1及び6.7によって試験を行い，高炉スラグ骨材を用いるコンクリート構造物などの用途に応じて，5.5のa)又はb)に適合した試料の製造ロットを合格とする．

b) **環境安全受渡検査** 受渡検査は，6.1及び6.7によって試験を行い，7.2.4によって設定した受渡検査判定値に適合した試料の製造ロットを合格とする．これに適合しなかった場合，同一の製造ロットから同一の方法で試料を採取して2回の再試験を行い，2回とも受渡検査判定値に適合した場合は，その製造ロットを合格とすることができる．ただし，2回の再試験のうち，1回でも不適合となった場合は，その製造ロットは不合格とする．

7.2.4 環境安全受渡検査判定値 受渡検査判定値は，次による．

a) **形式検査に利用模擬試料を用いた場合** 形式検査に利用模擬試料を用いた場合の受渡検査判定値は，形式試験のデータと形式検査に用いた試料と同じ条件で製造された高炉スラグ骨材試料を用いた受渡試験のデータに基づき設定し，高炉スラグ骨材の性状のばらつき又は他の材料の影響等の変動要因を十分に考慮した値としなければならない．

なお，この場合の受渡検査判定値は，形式検査を実施する都度，高炉スラグ骨材の製造業者が設定する．

b) **形式検査に高炉スラグ骨材試料を用いた場合** 形式検査に高炉スラグ骨材試料を用いた場合の受渡検査判定値は，環境安全品質基準のそれぞれの検査項目の基準値と同じ値を用いる．

7.2.5 検査の頻度 高炉スラグ骨材の環境安全品質の検査の頻度は，次による．

a) **環境安全形式検査** 形式検査結果の有効期間は，合否判定を行った日を起点として3年間を最大とする．ただし，次に該当する場合は，有効期間内であっても検査を行わなければならない．

1) 製造設備の改良，製造プロセス，原料又は添加物の変更などの要因に伴って，環境安全品

質に規定する項目の値が大きく増加する可能性がある場合.
2) 利用模擬試料として使用するコンクリートの配合条件を新たに定める場合. ただし,高炉スラグ骨材の単位量（1 m³のコンクリートを製造するのに用いる高炉スラグ骨材の質量）を小さくするときは省略できる.

b) **環境安全受渡検査** 受渡検査は,製造ロットごとに行う.

注記 製造ロットの大きさは,工場ごとの製造実態,品質管理実態などに応じて,製造業者の社内規格で定めるのが望ましい.

7.3 不合格ロットの管理 検査の結果,不合格になった製造ロットは,合格したロットから明確に区分し,混在させてはならない.

7.4 検査データの保管 製造業者は,検査によって得られた品質試験結果及び判定結果の記録を所定の期間を定め,保管しなければならない.

8. 表 示 製品の送り状には,次の事項を表示しなければならない.

a) 製品の名称及び種類の呼び方（例 コンクリート用高炉スラグ骨材 BFS5）
b) 高炉スラグ骨材を用いるコンクリート構造物などの環境安全品質面からの用途制約など（"港湾用途に使用し再利用の予定がない場合に限る"又は"用途制約なし"のいずれかを記入.）
c) 製品の質量
d) 製造業者名又はその略号
e) 製造工場名又はその略号
f) 製造年月日,製造年月,製造期間若しくは製造ロット番号、又はこれらのいずれかの略号
g) 出荷年月日又は出荷予定年月日

9. 報 告 製造業者は,購入者から要求があった場合には,試験成績表を提出しなければならない.試験成績表は,**表12〜表17**の様式を標準とし,高炉スラグ骨材を用いるコンクリート構造物等の用途に応じて,該当するものを提出する.

表12〜17	コンクリート用高炉スラグ粗骨材の試験成績表など	省略
附属書A（規定）	高炉スラグの化学成分分析方法	省略
附属書B（参考）	高炉スラグ細骨材の貯蔵の安定性の試験方法	省略
附属書C（規定）	高炉スラグ骨材の環境安全品質試験方法	省略
附属書D（参考）	技術上重要な改正についての新旧対照表	省略

付録 II

高炉スラグ細骨材に関する技術資料

1. 高炉スラグの生成と利用

1.1 高炉スラグの種類

高炉（溶鉱炉）で銑鉄を製造する際に，副産物として生成されるスラグが高炉スラグである．

銑鉄を製造するには，まず原料の鉄鉱石，焼結鉱，還元材のコークス，鉄鉱石の溶融性を高める融剤（フラックス）の副原料として石灰石を炉頂から積層状に装入する．なお，副原料として，溶融物の流動性保持のため，蛇紋岩，ドロマイト，ケイ石など酸化マグネシウムや二酸化ケイ素を含む材料を適量加える場合もある．次に，炉下部の羽口から，1 200～1 300℃程度の熱風と微粉炭などの燃料を吹き込んでコークスを燃焼させる．この燃焼に伴い，炉内には高温の還元性ガスが発生し，炉内の最高温度は2 300℃となり，鉄鉱石に含まれる酸化鉄が金属鉄（銑鉄）となって溶融した状態で炉底に溜まる．このとき，銑鉄以外の成分であるスラグも完全に溶融している．溶融状態の銑鉄およびスラグは，炉下部の出銑口から同時に取り出され，スラグは銑鉄との密度差を利用した分離装置により分離される．

銑鉄を製造する際のスラグの役割としては，銑鉄以外の不要な成分の除去，溶融状態の銑鉄を炉から取り出す際の流動性の確保などが挙げられ，スラグは品質の安定した銑鉄を効率よく製造するために必要不可欠なものである．そのため，各製鉄所では，常にスラグの化学組成を管理している．したがって，高炉で生成されるスラグ（高炉スラグ）の化学成分は，大きく変動することはなく安定している．

高炉スラグの生成工程の代表例を図1.1に，水砕スラグおよび徐冷スラグの外観を写真1.1に示す．

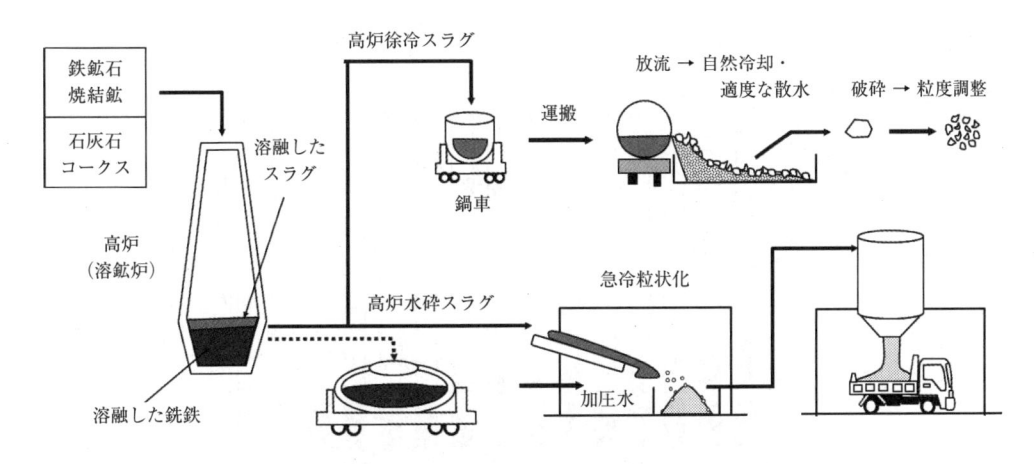

図 1.1 高炉スラグの生成工程の代表例

写真 1.1 水砕スラグおよび徐冷スラグの外観

高炉スラグの固化物は，溶融状態のスラグの冷却方法によって2種類に分類される．溶融したスラグに大量の加圧水を噴射して急速に冷却して得られる砂粒状のものが高炉水砕スラグ（以下，水砕スラグという．）であり，自然放冷および適度な散水により徐々に冷却して得られる岩石状のものが高炉徐冷スラグ（以下，徐冷スラグという．）である．水砕スラグと徐冷スラグは，粒子形状など外観上の違いもあるが，前者が非晶質（ガラス質）であるのに対し，後者は結晶質であるという，鉱物的に構造が異なることも大きな特徴である．

なお，溶融したスラグを急冷する方法として，空気を用いる方法があり，空気によって急冷された固化物を高炉風砕スラグと呼ぶが，現在，風砕スラグは製造されていない．

1.2 高炉スラグの生成量とその用途

高炉スラグ細骨材は，図1.2に示すように，銑鉄の製造に伴い，現在，年間約2 500万tが生成されている．1996年度以降の高炉スラグの生成量は，年度によって若干の変動はあるが，おおむね，年間2 200万tから2 500万tで推移している．

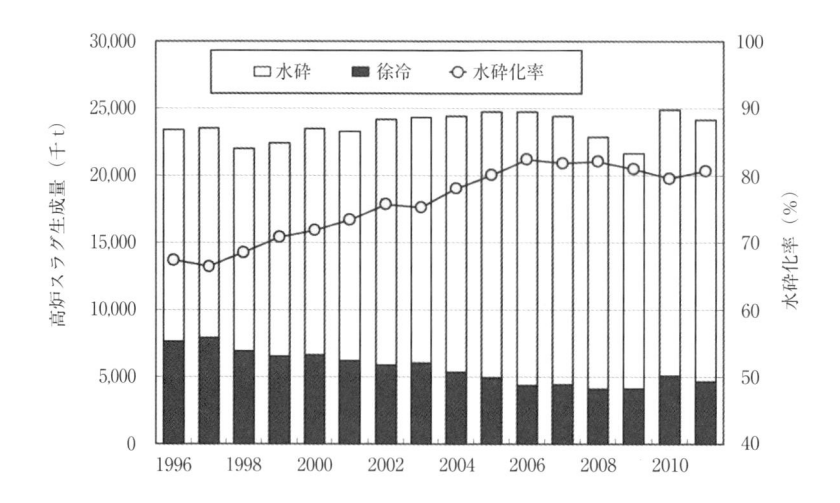

図 1.2 高炉スラグの生成量および水砕化率の推移

一方,高炉スラグの水砕化率(水砕スラグの製造割合)は,1996年頃から徐々に増加し,2006年度には80%を超え,近年は80%程度で推移している.

　高炉スラグの特性と用途を表1.1に示す.水砕スラグは,コンクリート用細骨材や土工用の砂として利用されるとともに,水砕スラグを粉砕した高炉スラグ微粉末が,高炉セメントやコンクリート用混和材料として利用されている.また,徐冷スラグは,主に,路盤材,コンクリート用粗骨材等に利用されている.

表1.1　高炉スラグの用途

種　　類		用　　　途
水砕スラグ		・コンクリート用細骨材 ・高炉スラグ微粉末原料 ・土工用材・地盤改良材(裏込め材・覆土材・盛土材・路床改良材・グラウンドの排水層等) ・ケイ酸石灰肥料(ケイカル)
	微粉末	・高炉セメント原料 ・ポルトランドセメント混合材 ・コンクリート用混和材 ・地盤改良材(注入材)
徐冷スラグ		・コンクリート用粗骨材 ・路盤材 ・セメントクリンカ原料(粘土代替) ・ロックウール原料 ・ケイ酸石灰肥料(ケイカル) ・地盤改良材(深層改良)

2. 高炉スラグ細骨材の製造と利用

2.1 高炉スラグ細骨材の製造方法および種類

2.1.1 高炉スラグ細骨材の製造方法

　高炉スラグ細骨材の製造工程の概要を図 2.1 に示す．

　高炉スラグ細骨材は，水砕スラグを原料として，磨砕機を用いて粒形を整えた後，ふるい網を用いて粒度調整を行い，必要に応じて固結防止剤を添加して製造される．

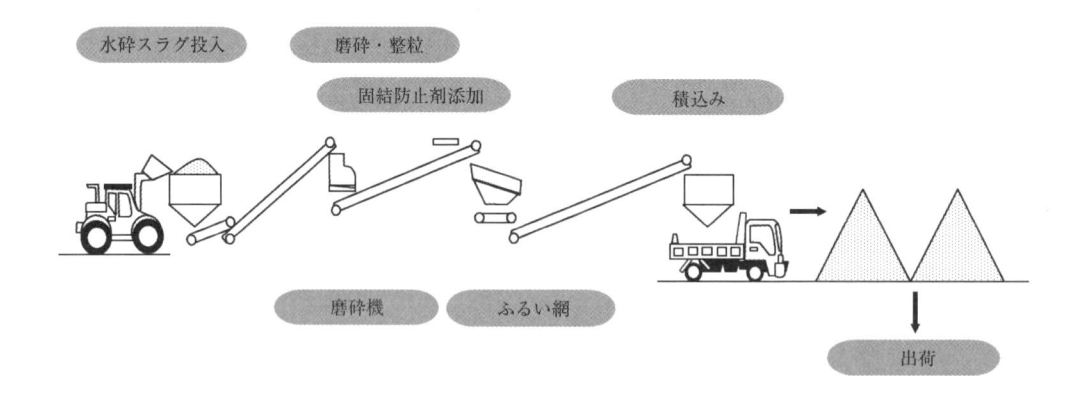

図 2.1　高炉スラグ細骨材の製造工程の代表例

2.1.2 高炉スラグ細骨材の外観

　高炉スラグ細骨材は，製造所等の違いによって粒子形状や表面状態に差があるが，天然骨材に比較して，総じて粒形が角張っており，表面の凹凸が多い．

　代表的な高炉スラグ細骨材と天然砂の外観状況を写真 2.1 に示す．

高炉スラグ細骨材（0.15～0.3 mm） 　　　　高炉スラグ細骨材（1.2～2.5 mm）

写真 2.1　高炉スラグ細骨材および天然砂の外観状況

天然砂（0.15〜0.3 mm） 　　　　　　　天然砂（1.2〜2.5 mm）

写真 2.1　高炉スラグ細骨材および天然砂の外観状況（つづき）

2.1.3　高炉スラグ細骨材の種類

　高炉スラグ細骨材は，JIS A 5011-1（コンクリート用スラグ骨材－第1部：高炉スラグ骨材）では，粒度により表2.1に示す4区分に分類され，それぞれの区分について，粒度分布が規定されている．

表2.1　高炉スラグ細骨材の粒度による区分

種類	記号	ふるいを通るものの質量分率（％）						
		10 mm	5 mm	2.5 mm	1.2 mm	0.6 mm	0.3 mm	0.15 mm
5 mm 高炉スラグ細骨材	BFS5	100	90〜100	80〜100	50〜90	25〜65	10〜35	2〜15
2.5 mm 高炉スラグ細骨材	BFS2.5	100	95〜100	85〜100	60〜95	30〜70	10〜45	2〜20
1.2 mm 高炉スラグ細骨材	BFS1.2	—	100	95〜100	80〜100	35〜80	15〜50	2〜20
5〜0.3 m 高炉スラグ細骨材	BFS5-0.3	100	95〜100	65〜100	10〜70	0〜40	0〜15	0〜10

2.2　高炉スラグ骨材の供給量

2.2.1　高炉スラグ細骨材の供給量の推移

　わが国における，高炉スラグの生成量および高炉スラグ骨材の供給量の最近の動向を表2.2に，高炉スラグ骨材の供給量の推移を図2.2に示す．

表2.2　高炉スラグの生成量および高炉スラグ骨材の供給量

年度	生成量（千t）		骨材の供給量（千t）		生成量に対する骨材の供給量の比（％）	
	水砕スラグ	徐冷スラグ	高炉スラグ細骨材	高炉スラグ粗骨材	高炉スラグ細骨材	高炉スラグ粗骨材
2005	19 830	4 928	2 779	356	14.0	7.2
2006	20 411	4 358	3 140	282	15.4	6.5
2007	21 003	4 434	3 013	227	14.3	5.1
2008	18 784	4 094	2 378	242	12.7	5.9
2009	17 551	4 124	1 784	221	10.2	5.4
2010	19 839	5 085	1 685	211	8.5	4.1
2011	19 505	4 655	1 658	255	8.5	5.5

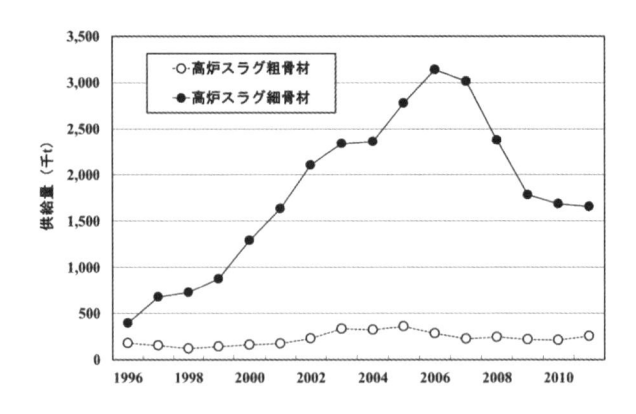

図 2.2 高炉スラグ骨材の供給量の推移

　銑鉄の製造量と高炉スラグの生成量はほぼ比例関係にあり，高炉スラグは銑鉄1tあたり約290 kg生成される．図1.2によると，高炉スラグの生成量は1996年度以降おおむね同程度であり，製造量に大きな変動はない．

　一方で，高炉スラグ骨材の供給量は，環境保全や社会情勢の影響を受けて大きく変化している．1996年度当時，高炉スラグ骨材の供給量は，細骨材・粗骨材ともに50万t以下であり，特に，高炉スラグ細骨材の供給量は，現在に比較して極めて少なく，水砕スラグの利用用途は，高炉セメント原料の占める割合が高かった．高炉スラグ細骨材の供給量は，①天然骨材の枯渇，②海砂の採取規制（1999年以降に本格化），③中国産川砂の輸出規制（2000年が輸入量のピーク．2007年以降は全面禁止）などの影響で年々増加し，2006年度には，300万tを超える供給量となった．この供給量の増加と並行して，1997年度以降，高炉スラグの水砕化率も徐々に増加（70弱～82%）した〔図1.2〕．しかし，①リーマンショック（2008年9月），②一般廃棄物，下水汚泥またはそれらの焼却灰を溶融固化したコンクリート用溶融スラグ骨材のポップアウト問題（2008年）の影響で，2008年度から，高炉スラグ細骨材の供給量は大きく低下し，2011年度の供給量は，ピーク時（2006年度）に比較して1/2程度の値である．

2.2.2 高炉スラグ細骨材の地区別供給量の推移

　高炉スラグ細骨材の地区別供給量の推移を表2.3および図2.3に示す．

表2.3 高炉スラグ細骨材の地区別供給量の推移

単位：千t
括弧内は%

年度	関東	東海	近畿	中国	四国	九州	全国計
2005	1 336(48.1)	344(12.4)	424(15.3)	481(17.3)	138(5.0)	56(2.0)	2 779
2006	1 380(44.0)	393(12.5)	611(19.5)	494(15.7)	214(6.8)	47(1.5)	3 140
2007	1 295(43.0)	385(12.8)	631(20.9)	439(14.6)	184(6.1)	78(2.6)	3 013
2008	799(33.6)	356(15.0)	621(26.1)	380(16.0)	156(6.6)	63(2.7)	2 378
2009	472(26.5)	285(16.0)	579(32.5)	261(14.6)	151(8.5)	35(2.0)	1 784
2010	367(21.8)	228(13.5)	657(39.0)	270(16.0)	124(7.4)	38(2.3)	1 685
2011	426(25.7)	304(18.3)	556(33.5)	245(14.8)	102(6.2)	25(1.5)	1 658

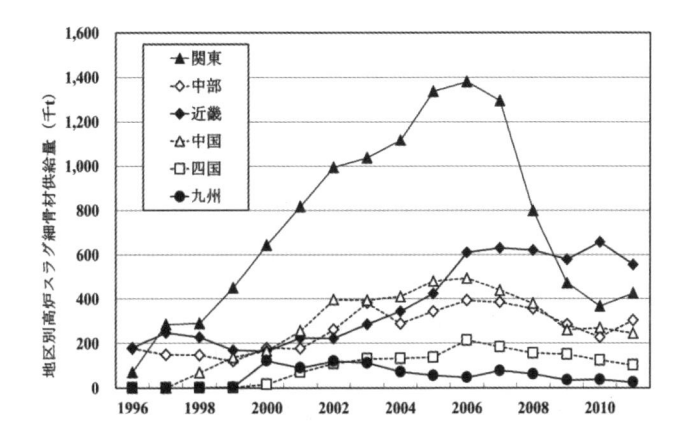

図 2.3 高炉スラグ細骨材の地区別供給量の推移

　2011年度の高炉スラグ細骨材の供給量は近畿地区が最も多く，全体の1/3程度を占めている．また，関東，東海，近畿，中国地区で日本全体の90%程度が利用され，北海道，東北，北陸地区での利用実績はまだない．北海道地区でも高炉スラグ細骨材の製造が開始されており，今後は，北海道地区での利用も見込まれる．
　2006年度をピークとして関東地区での供給量が落ち込んでいるが，前述した関東地区で発生した一般廃棄物，下水汚泥又はそれらの焼却灰を溶融固化したコンクリート用溶融スラグ骨材のポップアウト問題の影響が大きな要因である．

2.2.3 高炉スラグ細骨材の供給拠点
　現在，高炉スラグ細骨材は，図2.4に示す14の製造所で生産されている．また，製造品種は表2.4に示すとおりである．高炉スラグ細骨材は，レディーミクストコンクリート工場やコンクリート二次製品工場に直接納入される場合と，他の細骨材と混合されたものが納入される場合とがあり，製鉄所近郊のレディーミクストコンクリート工場やコンクリート二次製品工場に陸送および海送で納入されている．
　なお，高炉スラグ粗骨材は，新日鐵住金株式会社（鹿島，君津，和歌山）とJFEスチール株式会社（京浜）の4か所で生産されている．

図 2.4 高炉スラグ細骨材の製造拠点

表2.4 製造所ごとの製造品種

	製造所	製造品種			
		BFS5	BFS2.5	BFS1.2	BFS5-0.3
1	新日鐵住金（室蘭）	○			
2	新日鐵住金（君津）		○		○
3	JFEスチール（千葉）				○
4	JFEスチール（京浜）	○			
5	新日鐵住金（名古屋）			○	
6	新日鐵住金（和歌山）		○		
7	神戸製鋼所（神戸）		○		
8	神戸製鋼所（加古川）		○		
9	JFEスチール（倉敷）			○	
10	JFEスチール（福山）	○			
11	日新製鋼（呉）		○		
12	新日鐵住金（小倉）	○			
13	新日鐵住金（八幡）	○			
14	新日鐵住金（大分）		○	○	
	製造箇所数	5	6	3	2

2.3 高炉スラグ細骨材の利用状況

近年，山砂や砕砂などの細骨材は，単独で使用されることが少なく，粒度を改善するために2～3種類混合して使用される場合が多い．各製造所は，地域ごとの細骨材の特性を踏まえてBFS5-0.3あるいはBFS5などの製品を製造している．以下に，高炉スラグ細骨材と他の細骨材との混合方法およびその実施例を示す．

2.3.1 混合方法

高炉スラグ細骨材は，コンクリート工場で，コンクリート製造時に各骨材を別々に計量してミキサ内で混合する方法と，骨材の生産者や販売業者が，数種類の骨材をあらかじめ混合してコンクリート工場へ供給する場合とがある．本指針では，高炉スラグ細骨材と他の細骨材とをあらかじめ混合して製造した細骨材を「混合砂」と定義しているが，その混合方法は大きく二つに分けられる．一つは，それぞれの在庫山から所定量を切り出し，土間でタイヤショベル等を用いて数回切り返し，混合する方法である．もう一つは，混合設備を用いて混合する方法である．混合設備の一例を図2.5示す．

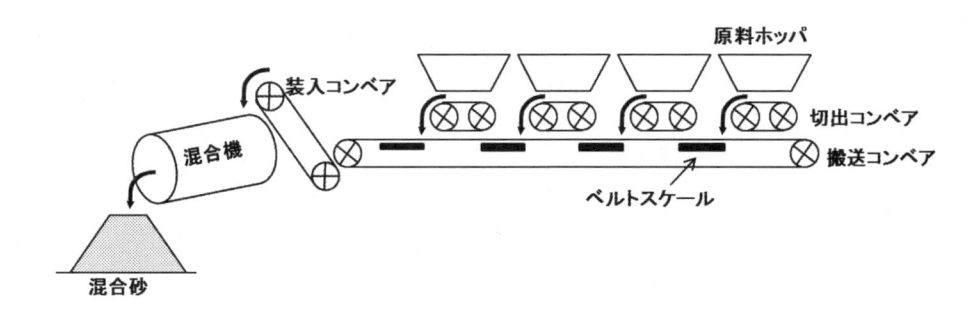

図2.5 骨材の混合設備の一例

図2.5に示した混合設備の場合，以下の流れで混合砂が製造される．

① 4基の原料ホッパに粒度の異なる細骨材を投入する．
② 所定の混合比率となるよう切出コンベアで搬送コンベアに送る．
③ ベルトスケールで質量が測定される．
④ 各材料が所定の割合となっていることが確認・記録される．
⑤ 各材料が装入コンベアで混合機に送られ混合される．

混合機の外観を写真2.2に示す．なお，制御盤は写真2.3のように表示され，各工程の状況を確認・記録することができる．

写真 2.2 混合設備の外観（装入コンベアと混合機）

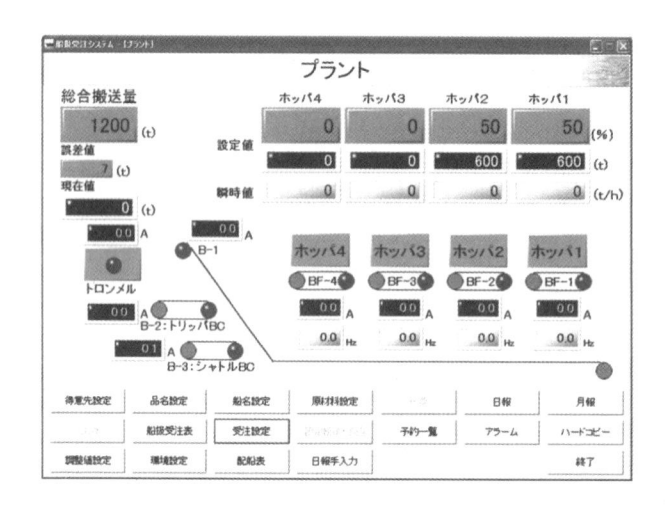

写真 2.3 混合設備のコントロール画面

　また，原料ホッパからの切出量を，ゲート高さと切出コンベアのベルト速度を調整して容積管理する方法もある．高炉スラグ細骨材の混合率は，混合砂の製造業者が，他の普通細骨材の粒度変化，あるいは購入者の要望に応じて決定している．いずれの場合も混合状況の管理は，定期的に粗粒率または密度の測定により行われている．

2.3.2 混合砂の混合実施例

（1） 2種類混合の場合

　一般の砕砂で微粒分量が多く，かつ 1.2 mm 以上の粗い部分が多い場合，中間粒度が多い細骨材による粒度改善が必要となる．図 2.6 に高炉スラグ細骨材 BFS5 を 50％混合した粒度改善例を示す．

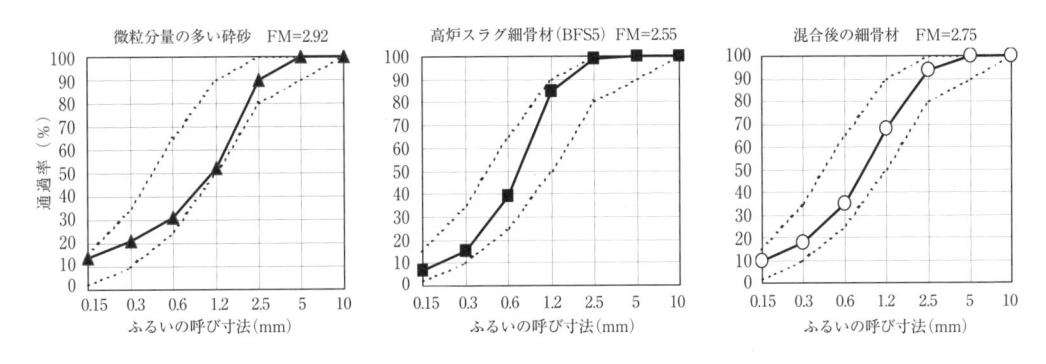

微粒分量の多い砕砂　FM=2.92　　高炉スラグ細骨材(BFS5)　FM=2.55　　混合後の細骨材　FM=2.75

混合比率 ＝ 砕砂：高炉スラグ細骨材 ＝ 50：50

図 2.6　2種類混合時の各細骨材の粒度分布と混合後の細骨材の粒度分布

（2）3種類混合の場合

普通細骨材の粗粒率が2.0未満および3.0以上の細骨材と高炉スラグ細骨材BFS5-0.3が用いられている．それぞれの粒度分布と所定の混合率で混合された混合砂の粒度分布を図2.7に示す．

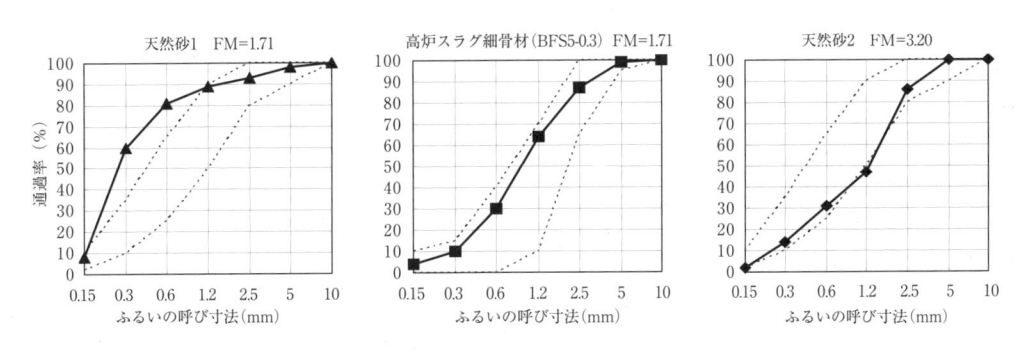

天然砂1　FM=1.71　　高炉スラグ細骨材(BFS5-0.3)　FM=1.71　　天然砂2　FM=3.20

混合比率 ＝ 天然砂1：高炉スラグ細骨材：天然砂2 ＝ 40：33：27

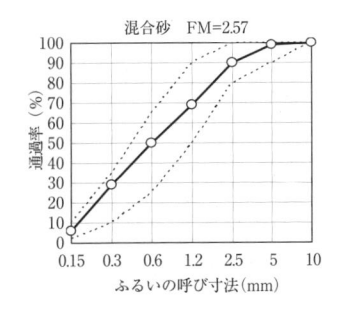

混合砂　FM=2.57

図 2.7　3種類混合時の各細骨材の粒度分布と混合後の細骨材の粒度分布

3. 高炉スラグ細骨材の品質

3.1 日本工業規格（案）JIS A 5011-1：2013

日本工業規格（案）JIS A 5011-1：2013[1]に規定される高炉スラグ細骨材の化学成分および物理的性質を表3.1に示す．なお，高炉スラグ細骨材の粒度は，表2.1に示したとおりであり，粗粒率は，製造業者と購入者が協議によって定めた値（協議値）に対して±0.20の範囲と規定されている．また，微粒分量は，許容差±2.0%の範囲内でばらつきが生じても7.0%以下となるように規

表3.1 JISに規定される高炉スラグ細骨材の化学成分および物理的性質

	項　　目		規　　定
化学成分	酸化カルシウム（CaOとして）	%	45.0 以下
	全硫黄（Sとして）	%	2.0 以下
	三酸化硫黄（SO_3として）	%	0.5 以下
	全鉄（FeOとして）	%	3.0 以下
物理的性質	絶乾密度	g/cm³	2.5 以上
	吸水率	%	3.0 以下
	単位容積質量	kg/l	1.45 以上
	微粒分量	%	7.0 以下
	粗粒率		製造業者と購入者が協議によって定めた粗粒率に対して±0.20の範囲のものでなければならない．

定されている．

3.2 高炉スラグ細骨材の化学成分

高炉スラグ細骨材の化学分析結果(各製造業者が実施した製品試験結果)を表3.2〜3.5に示す.

表3.2 BFS5の化学分析結果(2010年度)

製造所	測定値	化学成分(%)			
		CaO	S	SO_3	FeO
A	平均	42.4	0.82	0.33	0.27
	最大	—	—	—	—
	最小	—	—	—	—
D	平均	42.4	0.72	0.01	0.63
	最大	43.2	0.76	0.02	0.97
	最小	41.3	0.64	0.01	0.42
J	平均	42.5	0.73	0.02	0.40
	最大	43.2	0.75	0.04	0.66
	最小	42.0	0.71	0.01	0.24
L	平均	42.8	0.86	0.06	0.57
	最大	43.3	0.92	0.07	1.10
	最小	42.1	0.74	0.05	0.32
M	平均	44.0	0.82	0.1未満	0.23
	最大	44.7	0.90	0.1未満	0.29
	最小	43.0	0.60	0.1未満	0.16
JIS A 5011-1 の規格値		45.0以下	2.0以下	0.5以下	3.0以下

表3.3 BFS2.5の化学分析結果(2010年度)

製造所	測定値	化学成分(%)			
		CaO	S	SO_3	FeO
F	平均	41.8	0.7	0.1	0.3
	最大	43.5	1.0	0.1	0.5
	最小	39.8	0.4	0.1	0.2
G	平均	40.5	1.10	0.1未満	0.30
	最大	41.2	1.30	0.1未満	0.30
	最小	39.7	1.00	0.1未満	0.20
H	平均	41.7	0.90	0.02	0.80
	最大	42.4	1.00	0.04	1.30
	最小	40.9	0.60	0.01	0.30
K	平均	43.4	0.84	0.03	0.25
	最大	43.8	0.88	0.04	0.30
	最小	42.9	0.78	0.03	0.21
N	平均	42.3	1.26	0.08	0.60
	最大	43.7	1.33	0.13	0.72
	最小	41.0	1.17	0.01	0.49
JIS A 5011-1 の規格値		45.0以下	2.0以下	0.5以下	3.0以下

表3.4 BFS1.2の化学分析結果（2010年度）

製造所	測定値	化学成分（%）			
		CaO	S	SO$_3$	FeO
E	平均	43.3	0.91	0.02	0.56
	最大	44.2	1.08	0.04	1.03
	最小	42.3	0.81	0.01	0.29
I	平均	43.2	0.76	0.05	0.49
	最大	44.7	0.90	0.10	1.10
	最小	42.3	0.60	0.00	0.30
N	平均	42.3	1.00	0.10	1.06
	最大	44.6	1.33	0.16	2.51
	最小	41.0	0.86	0.01	0.49
JIS A 5011-1の規格値		45.0以下	2.0以下	0.5以下	3.0以下

表3.5 BFS5-0.3の化学分析結果（2010年度）

製造所	測定値	化学成分（%）			
		CaO	S	SO$_3$	FeO
B	平均	42.3	0.90	0.17	0.28
	最大	43.1	1.02	0.25	0.40
	最小	41.4	0.78	0.07	0.22
C	平均	39.5	0.59	0.10	0.28
	最大	41.4	0.70	0.10	0.40
	最小	38.2	0.30	0.10	0.20
JIS A 5011-1の規格値		45.0以下	2.0以下	0.5以下	3.0以下

（1） 酸化カルシウム（CaO）

高炉スラグ細骨材の酸化カルシウムは45.0%以下と定められており，2010年度に生産された高炉スラグ細骨材に含まれる酸化カルシウムの実態は表3.2～3.5に示すように38.2～44.7%の範囲である．

（2） 全硫黄および三酸化硫黄（SおよびSO$_3$）

骨材中に可溶性の硫黄分が多量に存在すると，セメント中のアルミン酸三石灰（C$_3$A）と反応してエトリンガイト（3CaO・Al$_2$O$_3$・3CaSO$_4$・32H$_2$O）を生成し，コンクリートが異常に膨張する場合がある．また，コンクリート中の鋼材を腐食させるおそれがあるといわれている．このため，JIS A 5011-1では，高炉スラグ骨材に含まれるSおよびSO$_3$の上限値を規定している．化学成分の実態は，表3.2～3.5に示すように，Sが0.3～1.3%，SO$_3$が0～0.33%の範囲にある．

（3） 全鉄（FeO）

一般に，骨材中に多量の金属鉄が存在すると，酸化（さび）によって，コンクリートの表面に汚れを生じさせるおそれがある．そこで，JIS A 5011-1では，高炉スラグ骨材に含まれる全鉄（FeOとして）の上限値を3.0%と規定している．高炉スラグ細骨材に含まれる全鉄の実態は，表3.2～3.5に示すように，0.16～2.5%の範囲にある．

3.3 高炉スラグ細骨材の粒度および物理的性質
3.3.1 粒度

高炉スラグ細骨材の粒度試験結果（各製造業者が実施した製品試験結果）を表3.6～3.9に示す．BFS5において，粗粒率の最大と最小の差が0.4を超える場合（協議値に対して±0.2以上）がある．これは，製品（ロット）によって，購入者との協議値が異なるためである．

表3.6 BFS5の粒度試験結果（2010年度）

製造所	測定値	ふるいを通るものの質量分率（％）							粗粒率
		10 mm	5 mm	2.5 mm	1.2 mm	0.6 mm	0.3 mm	0.15 mm	
A	平均	100	100	98	81	39	14	6	2.64
	最大	100	100	99	82	39	14	6	2.65
	最小	100	100	97	80	38	14	6	2.62
D	平均	100	100	99	81	36	13	5	2.66
	最大	100	100	100	84	38	14	6	2.72
	最小	100	100	98	78	34	12	5	2.61
J	平均	100	100	99	85	40	15	7	2.54
	最大	100	100	99	85	40	15	7	2.54
	最小	100	100	99	85	40	15	7	2.54
L	平均	100	100	97	78	36	15	5	2.70
	最大	100	100	97	78	40	17	6	2.73
	最小	100	100	97	76	32	13	4	2.65
M	平均	100	100	93	67	35	17	8	2.80
	最大	100	100	97	76	41	19	9	3.11
	最小	100	100	90	56	26	12	5	2.60
JIS A 5011-1の規格値		100	90～100	80～100	50～90	25～60	10～35	2～15	協議値に対して±0.20の範囲

表3.7 BFS2.5の粒度試験結果（2010年度）

製造所	測定値	ふるいを通るものの質量分率（％）							粗粒率
		10 mm	5 mm	2.5 mm	1.2 mm	0.6 mm	0.3 mm	0.15 mm	
F	平均	100	100	94	74	43	20	9	2.61
	最大	100	100	95	75	44	22	11	2.66
	最小	100	100	93	72	41	18	8	2.57
G	平均	100	100	99	80	41	18	8	2.55
	最大	100	100	99	85	46	19	9	2.64
	最小	100	100	98	75	38	17	8	2.43
H	平均	100	100	100	91	50	19	8	2.33
	最大	100	100	100	92	52	20	9	2.37
	最小	100	100	100	90	48	17	7	2.27
K	平均	100	100	97	84	46	18	10	2.45
	最大	100	100	99	85	48	20	12	2.49
	最小	100	100	94	82	45	17	9	2.42
N	平均	100	100	100	91	50	19	8	2.33
	最大	100	100	100	93	50	19	9	2.34
	最小	100	100	100	90	49	18	8	2.31
JIS A 5011-1の規格値		100	95～100	85～100	60～95	30～70	10～45	2～20	協議値に対して±0.20の範囲

表3.8 BFS1.2の粒度試験結果（2010年度）

製造所	測定値	ふるいを通るものの質量分率（%）							粗粒率
		10 mm	5 mm	2.5 mm	1.2 mm	0.6 mm	0.3 mm	0.15 mm	
E	平均	100	100	100	93	54	22	9	2.23
	最大	100	100	100	97	64	28	12	2.37
	最小	100	100	100	90	45	19	7	2.01
I	平均	100	100	100	96	59	25	11	2.10
	最大	100	100	100	96	66	26	12	2.13
	最小	100	100	100	95	58	24	10	2.07
N	平均	100	100	100	94	56	23	11	2.16
	最大	100	100	100	97	59	27	16	2.20
	最小	100	100	99	92	54	22	9	2.09
JIS A 5011-1 の規格値		—	100	95〜100	80〜100	35〜80	15〜50	2〜20	協議値に対して ±0.20の範囲

表3.9 BFS5-0.3の粒度試験結果（2010年度）

製造所	測定値	ふるいを通るものの質量分率（%）							粗粒率
		10 mm	5 mm	2.5 mm	1.2 mm	0.6 mm	0.3 mm	0.15 mm	
B	平均	100	97	76	45	17	6	3	3.55
	最大	100	98	78	47	17	7	4	3.58
	最小	100	97	74	43	16	6	3	3.52
C	平均	100	98	82	58	26	8	3	3.26
	最大	100	98	84	61	27	9	4	3.29
	最小	100	97	81	56	24	7	3	3.21
JIS A 5011-1 の規格値		100	95〜100	65〜100	10〜70	0〜40	0〜15	0〜10	協議値に対して ±0.20の範囲

3.3.2 物理的性質

　高炉スラグ細骨材の物理試験結果（各製造業者が実施）を表3.10〜3.13に示すが，高炉スラグ細骨材の物理的性質は，おおむね，JIS A 5011-1の規定を満足している．ただし，一部のBFS2.5の吸水率の最大値が3.20%（平均2.87%）であり，日本工業規格（案）JIS A 5011-1：2013の規格値（3.0%以下）を満足していない．これはJIS改正前の規格値が3.5%以下であったためである．また，微粒分量は，許容差が±2.0%と規定されているが，BFS1.2において，最大と最小の差が4.0%を上回る結果（許容差が±2.0%以上）が認められる．これは，製品（ロット）によって，購入者との協議値が異なるためである．

　表中の微粒分量は，JIS A 5011-1の2013年改正時に新たに追加された品質項目であるため，2010年度は試験データがない製造所もある．また，JIS A 5011-1：2013には，実積率に関する規定はない．

表3.10 BFS5の物理試験結果（2010年度）

製造所	測定値	絶乾密度 (g/cm³)	吸水率 (%)	単位容積質量 (kg/l)	微粒分量 (%)
A	平均	2.58	1.45	1.55	―
	最大	2.67	2.43	1.57	―
	最小	2.50	0.35	1.53	―
D	平均	2.64	1.61	1.53	―
	最大	2.66	2.38	1.55	―
	最小	2.58	1.29	1.50	―
J	平均	2.74	0.72	1.57	―
	最大	2.74	0.72	1.57	―
	最小	2.74	0.71	1.57	―
L	平均	2.70	0.77	1.54	―
	最大	2.71	0.86	1.55	―
	最小	2.69	0.69	1.52	―
M	平均	2.75	1.03	1.73	3.27
	最大	2.84	2.67	1.80	3.80
	最小	2.51	0.40	1.66	2.30
JIS A 5011-1の規格値		2.5以上	3.0以下	1.45以上	7.0以下

表3.11 BFS2.5の物理試験結果（2010年度）

製造所	測定値	絶乾密度 (g/cm³)	吸水率 (%)	単位容積質量 (kg/l)	微粒分量 (%)
F	平均	2.84	0.35	1.74	4.0
	最大	2.86	0.52	1.78	4.6
	最小	2.83	0.23	1.71	3.3
G	平均	2.76	0.55	1.56	4.1
	最大	2.78	0.65	1.59	4.4
	最小	2.73	0.44	1.52	3.8
H	平均	2.74	0.55	1.52	3.5
	最大	2.76	0.67	1.56	4.2
	最小	2.70	0.37	1.49	3.1
K	平均	2.52	2.87	1.49	1.83
	最大	2.53	3.20	1.51	2.00
	最小	2.51	2.71	1.47	1.50
N	平均	2.63	0.57	1.53	1.14
	最大	2.66	0.70	1.56	1.14
	最小	2.61	0.42	1.50	1.14
JIS A 5011-1の規格値		2.5以上	3.0以下	1.45以上	7.0以下

表 3.12 BFS1.2 の物理試験結果（2010年度）

製造所	測定値	絶乾密度 (g/cm³)	吸水率 (%)	単位容積質量 (kg/l)	微粒分量 (%)
E	平均	2.73	0.41	1.53	4.07
E	最大	2.80	0.78	1.63	5.50
E	最小	2.63	0.19	1.47	2.90
I	平均	2.73	0.40	1.59	4.1
I	最大	2.76	0.61	1.62	4.3
I	最小	2.70	0.25	1.54	3.9
N	平均	2.70	0.42	1.64	1.78
N	最大	2.80	0.54	1.71	6.90
N	最小	2.64	0.09	1.54	1.14
JIS A 5011-1 の規格値		2.5 以上	3.0 以下	1.45 以上	7.0 以下

表 3.13 BFS5-0.3 の物理試験結果（2010年度）

製造所	測定値	絶乾密度 (g/cm³)	吸水率 (%)	単位容積質量 (kg/l)	微粒分量 (%)
B	平均	2.72	0.91	1.56	—
B	最大	2.80	1.42	1.62	—
B	最小	2.67	0.51	1.51	—
C	平均	2.65	2.47	1.51	—
C	最大	2.69	2.65	1.54	—
C	最小	2.63	2.13	1.50	—
JIS A 5011-1 の規格値		2.5 以上	3.0 以下	1.45 以上	7.0 以下

3.4 アルカリシリカ反応性

高炉スラグ骨材は，アルカリシリカ反応性に対して安全な骨材である．JIS A 5011（コンクリート用スラグ骨材）においても，唯一アルカリシリカ反応性に関する規定がない[1]．

高炉スラグ細骨材について実施したアルカリシリカ反応性試験結果（化学法）を表 3.14 に示す．いずれも溶解シリカ量（Sc）がほとんど検出されず，アルカリシリカ反応性は無害と判定される．

なお，アルカリシリカ反応抑制対策の方法の一つとして，アルカリシリカ反応抑制効果のある高炉セメントなどの混合セメントなどを使用する方法がある．しかし，高炉スラグ細骨材には，高炉スラグ微粉末が有するアルカリシリカ反応抑制効果は期待できない．

表 3.14 高炉スラグ骨材のアルカリシリカ反応性試験結果

種類	記号	Sc (mmol/l)	Rc (mmol/l)	Sc/Rc	備考
高炉スラグ細骨材	B	1	14	0.07	参考文献 [3]
	H	0	16	0	
	R	1	55	0.02	
高炉水砕スラグ	S_0	4.6	12	0.38	参考文献 [4]
高炉徐冷スラグ	S_1	3.3	67	0.05	
	S_2	4.2	67	0.06	
	S_3	2.3	57	0.04	
	S_4	6.3	39	0.16	

[注] (1) 高炉スラグ細骨材と同様, 電気炉酸化スラグ骨材もアルカリシリカ反応性に対して安全な骨材であるが, 電気炉酸化スラグは新しい骨材であるので, 試験を継続して品質の確認を行うこととし, 規格に規定した. と JIS A 5011-4：2003 の解説に記載されている[2].

3.5 高炉スラグ細骨材の環境安全品質

2011年7月に日本工業標準調査会標準部会の土木技術専門委員会および建築技術専門委員会で"建設分野の規格への環境側面の導入に関する指針 附属書1 コンクリート用スラグ骨材に環境安全品質及びその検査方法を導入するための指針"が策定され, JIS A 5011-1 の 2013 年改正で, 高炉スラグ骨材を対象とした環境安全品質に関する基準および試験方法が導入された.

3.5.1 環境安全品質基準

日本工業規格（案）JIS A 5011-1：2013 において, カドミウム, 鉛, 六価クロム, ヒ素, 水銀, セレン, フッ素, ホウ素の8種類の化学物質について溶出量および含有量の環境安全品質基準が規定された.

表 3.15 に高炉スラグ細骨材の化学物質の溶出量の基準値と試験結果, 表 3.16 に高炉スラグ細骨材の化学物質の含有量の基準値と試験結果を示す.

表 3.15 化学物質の溶出量の基準値と試験結果（2008～2010年）

(単位：mg/l)

項目	基準値 (一般用途)	高炉スラグ細骨材の試験結果	
		試料数	範囲[a]
カドミウム	0.01 以下	48	＜0.001
鉛	0.01 以下	138	＜0.005
六価クロム	0.05 以下	138	＜0.02
ヒ素	0.01 以下	48	＜0.005
水銀	0.0005 以下	48	＜0.0005
セレン	0.01 以下	138	～0.002
フッ素	0.8 以下	138	～0.9
ホウ素	1 以下	138	＜0.2

[注] a) ＜は全ての試料が不検出（定量限界未満）, ～は不検出の試料が含まれることを示す. 分析方法は JIS K 0058-1 による.

表 3.16 化学物質の含有量の基準値と試験結果（2008～2010 年）

(単位：mg/kg)

項　目	基準値 （一般用途）	高炉スラグ細骨材の試験結果	
		試料数	範囲[a]
カドミウム	150 以下	48	＜10
鉛	150 以下	138	＜10
六価クロム	250 以下	138	＜20
ヒ素	150 以下	48	＜10
水銀	15 以下	48	＜1
セレン	150 以下	138	～2.7
フッ素	4 000 以下	138	～1 300
ホウ素	4 000 以下	138	～140

［注］a）＜は全ての試料が不検出（定量限界未満），～は不検出の試料が含まれることを示す．分析方法は JIS K 0058-1 による．

3.5.2 環境安全品質を保証するための検査体系

　高炉スラグ細骨材の試料採取から結果判定までの一連の検査は，環境安全品質基準への適合を確認するための環境安全形式検査と，環境安全品質をロット単位ですみやかに保証するための環境安全受渡検査で構成されている．

　環境安全形式検査は，スラグ細骨材そのものを試料とする方法およびスラグ細骨材を用いたコンクリートを試料とする方法があり，環境安全形式試験を行ない環境安全品質への適合を判定する．現在流通している高炉スラグ細骨材の場合，スラグ細骨材そのものを試料とする方法でも規定を満足することができる．環境安全形式検査結果の有効期間は 3 年間を最大とするが，有効期間内であっても製造設備の改良，製造プロセス，原料や添加物の変更などの要因に伴って試験値が大きく増加するおそれがある場合およびコンクリートの配合条件を新たに定める場合は，検査を行わなければならない．

　環境安全受渡検査は，8 種類の化学物質のうち，セレン，フッ素およびホウ素について製造ロットごとに環境安全受渡試験を行い，環境安全品質への適合を判定する．カドミウム，ヒ素および水銀は，沸点が低く高炉内で蒸発するため高炉スラグにはほとんど混入することがない，鉛と六価クロムは，鉄鋼原料にほとんど含まれず高炉スラグにはほとんど混入することがないため，環境安全受渡検査項目に含まれていない．

　高炉スラグ細骨材の環境安全品質の試験項目を表 3.17 に示す．

表3.17 高炉スラグ細骨材の環境安全品質の試験項目

項 目	環境安全形式試験		環境安全受渡試験		備 考
	溶出量	含有量	溶出量	含有量	
カドミウム	○	○	—	—	沸点が低く高炉内で蒸発するため、ほとんど混入することがない.
鉛	○	○	—	—	鉄鋼原料にほとんど含まれないため、ほとんど混入することがない.
六価クロム	○	○	—	—	
ヒ素	○	○	—	—	沸点が低く高炉内で蒸発するため、ほとんど混入することがない.
水銀	○	○	—	—	
セレン	○	○	○	○	鉄鉱石および石炭に微量含まれる.
フッ素	○	○	○	○	少量含有する製鋼スラグを鉄鋼副原料に使用することがある.
ホウ素	○	○	○	○	鉄鉱石および石炭に微量含まれる.

3.6 高炉スラグ細骨材の固結現象と貯蔵

高炉スラグ細骨材は，日平均気温が20℃を超す暑い時期になると貯蔵時に固結現象を示すものがある．その固結状況の一例を写真3.2に示す．

固結が進行すると，骨材の貯蔵設備やバッチャープラントの貯蔵びんからの引出しが困難となったり，粒度分布が変化したり，コンクリート製造上で支障をきたすおそれがある．したがって，高炉スラグ細骨材は計画的に購入し，すみやかに使用するのがよい．

写真 3.1 高炉スラグ細骨材在庫状況例

写真 3.2 固結現象例

固結現象を防止するには，高炉スラグ細骨材の製造プラントで固結防止剤を散布する方法がある．固結防止剤はオキシカルボン酸塩系化合物やポリアクリル酸塩系化合物のものなどが開発され実用化されており，固結防止剤が散布された高炉スラグ細骨材は，数週間の貯蔵が可能である．これらの固結防止剤を散布した高炉スラグ細骨材を使用したコンクリートの試験が数多く実施されており，コンクリートの品質への影響も少ないことが報告されている[5]．

参考文献

1) 日本工業規格（案）JIS A 5011-1：2013　コンクリート用スラグ骨材　第1部高炉スラグ骨材
2) JIS A 5011-4：2003　コンクリート用スラグ骨材　第4部電気炉酸化スラグ骨材
3) 日本建築学会：高炉スラグ細骨材を用いるコンクリート施工についての調査研究（その3）報告書，2012.3
4) 山本親志，千賀平造，森山容州，沼田晋一：高炉スラグ骨材コンクリートのアルカリ反応に対する安定性，第8回コンクリート工学年次講演会論文集，pp. 157-160，1986.6
5) 高橋智雄，木之下光男，光藤浩之，吉澤千秋：高炉スラグ細骨材用固結防止剤の開発，コンクリート工学，Vol. 40，No. 11，pp. 19-25，2002.5

4. 高炉スラグ細骨材を使用するコンクリートの性質

4.1 調　合

　高炉スラグ細骨材（以下，BFSという.）は，粒子が角張っているため，天然砂に比較して実積率が小さい．また，BFSの種類・銘柄によって，粒度分布や微粒分量が天然砂と異なる場合がある．そこで，BFSを使用する場合は，使用するBFSの種類・銘柄や混合率に応じて，単位水量および単位粗骨材かさ容積などを適宜調整する必要がある．ここでは，BFSを使用するコンクリートの調合に関連する特徴について紹介する．

4.1.1 単位水量

　BFSを使用するコンクリートは，BFSの粒子形状の影響で，所要のワーカビリティーを得るのに必要な単位水量が増加する傾向がある．図4.1は，表4.1に示す調合条件のコンクリートについて，大井川水系の陸砂（以下，陸砂という.）に3銘柄のBFS（記号：R，B，H）を混合した場合

表4.1　コンクリートの調合条件[1]

水セメント比 (%)	セメントの種類	化学混和剤の種類	目標スランプまたはスランプフロー (cm)	目標空気量 (%)
55	普通ポルトランドセメント	AE減水剤	18 ± 2.5	4.5±1.5
40		高性能AE減水剤	21 ± 2	4.5±1.5
30		高性能AE減水剤	60 ± 10	2.0±1.5

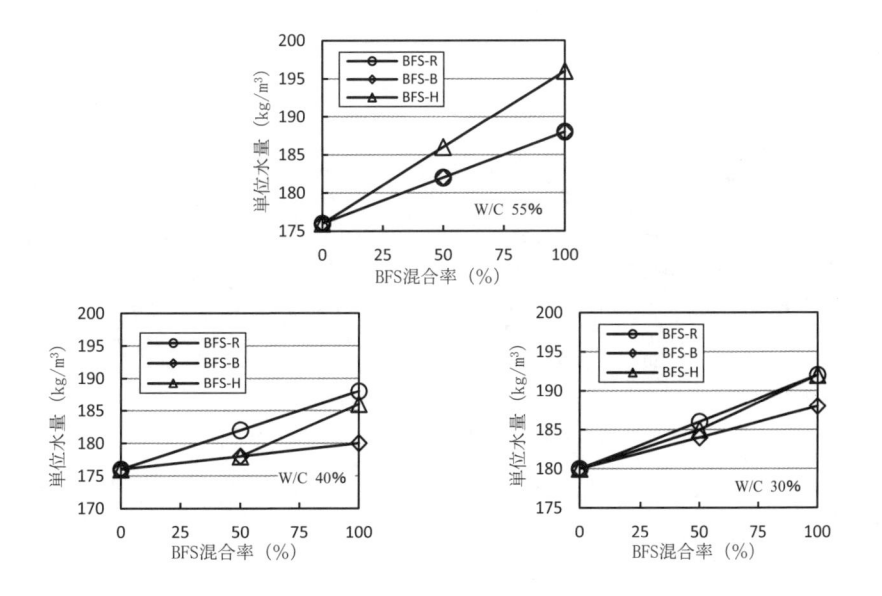

図 4.1　BFS混合率と単位水量との関係[1]

の単位水量の変化を示した一例[1]である.図4.1によると,全般的な傾向として,BFSの混合使用に伴い,単位水量は増加する傾向が認められる.

なお,単位水量の増加量は,BFSの銘柄および混合率によって若干差がある.

4.1.2 単位粗骨材かさ容積

BFSを使用するコンクリートの単位粗骨材かさ容積は,天然砂を使用する場合と同様,使用するBFSの粗粒率に応じて設定することができる.図4.2は,BFS混合率とコンクリートの状態を踏まえて設定した単位粗骨材かさ容積との関係を示した一例[1]である.また,表4.2は,実験に使用した細骨材の物性を示したものである.図4.2によると,単位粗骨材かさ容積は,BFS混合率の増加に伴って増大しているが,これは,表4.2に示したように,BFSの粗粒率が陸砂に比較して小さいことに起因するものである.例えば,BFS-Rの粗粒率は,陸砂に比較して約0.4小さい.そこで,本会「コンクリートの調合設計指針・同解説」を参考にして,単位粗骨材かさ容積を$0.04\,\mathrm{m^3/m^3}$増加して$0.62\,\mathrm{m^3/m^3}$とし,単位水量を$188\,\mathrm{kg/m^3}$に調整した結果,所要のワーカビリティーを有するコンクリートが得られている.また,BFS-BおよびBFS-Hについても同様の手法で単位粗骨材かさ容積および単位水量を調整したところ,いずれも,所要のワーカビリティーを有するコンクリートが得られている.

なお,BFSの粗粒率と単位粗骨材かさ容積の増加量との関係は,水セメント比にかかわらず,おおむね同様である.

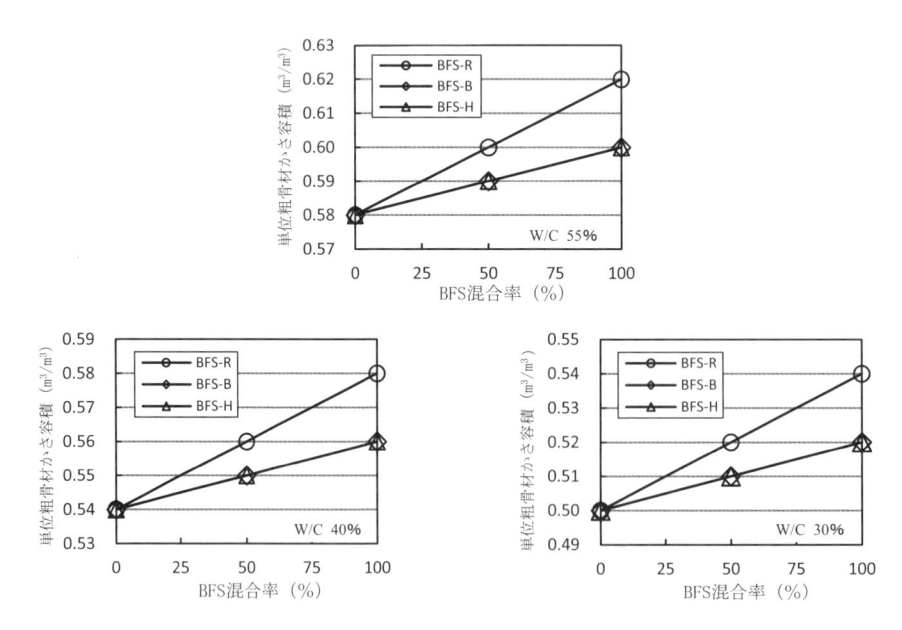

図 4.2 BFS混合率と単位粗骨材かさ容積との関係[1]

表4.2 実験に使用した細骨材の物性[1]

細骨材の種類 (BFSの銘柄)	粗粒率	絶乾密度 (g/cm³)	吸水率 (%)	単位容積質量 (kg/l)	実積率 (%)
陸砂	2.85	2.55	2.09	1.73	67.8
BFS-R	2.51	2.75	0.74	1.65	59.8
BFS-B	2.57	2.67	0.67	1.51	56.6
BFS-H	2.38	2.52	2.45	1.50	59.3

4.1.3 空 気 量

BFSを使用するコンクリートは,一般のコンクリートと比較して空気量が増大する傾向がある.表4.3は,普通ポルトランドセメントを使用し,陸砂にBFSを混合使用した場合のコンクリートの調合結果の一例[1]である.表4.3によると,AE減水剤の添加率を同一とした場合,同程度の空気量を得るのに必要なAE助剤の添加率は,BFS混合率の増加に伴って減少している.つまり,BFSの混合使用に伴って,コンクリート中の空気量は増加する傾向があると判断できる.BFSの混合使用に伴って増加した空気は,エントラップエアと考えられるが,表4.3に示した気泡間隔係数を比較すると,BFSの銘柄によって差はあるが,BFS混合率が50%までは,陸砂を使用したコンクリートと大差はないといえる.

なお,BFSの骨材修正係数は,BFSの種類・銘柄や混合率(調合条件)によって1.0%程度となる場合があるため,空気量を空気室圧力方法(エアメータ)で測定する際には,この点について留意する必要がある.

表4.3 コンクリートの調合結果の一例[1]

W/C (%)	BFS銘柄	BFS混合率(%)	単位水量 (kg/m³)	添加率(C×%) AE減水剤	添加率(C×%) AE助剤	スランプ (cm)	空気量 (%)	気泡間隔係数 (μm)
45	陸砂	—	176	0.25	0.0020	18.5	4.1	—
45	H	50	184	0.25	—	19.0	4.0	285
45	H	100	188	0.25	0.0005	19.5	5.3	—
55	陸砂	—	176	0.25	0.0023	19.0	3.7	233
55	H	25	180	0.25	0.0015	19.0	4.4	271
55	H	50	184	0.25	0.0010	19.5	4.1	327
55	H	100	194	0.25	0.0010	19.0	4.5	443
55	B	50	188	0.25	0.0005	18.5	4.8	229
55	R	50	184	0.25	0.0015	18.5	4.6	275

4.2 フレッシュコンクリートの性質

既往の文献[2]によると,BFSを30%未満で混合したコンクリートの諸性状は,砂や砕砂などの普通細骨材を使用したコンクリートと同様としている.しかし,BFS混合率が高くなると,BFS

の種類・銘柄やBFS混合率によってフレッシュコンクリートの諸性状が異なる場合がある．ここでは，BFSを比較的高い割合で使用したフレッシュコンクリートの特徴的な性質について紹介する．

4.2.1 コンクリート温度

BFSを使用するコンクリートの温度は，天然砂を使用したコンクリートと同程度かやや高くなる傾向がある．これは，単位水量（単位セメント量）の増加に伴う調合上の要因と，天然砂を使用するコンクリートと比較してBFSを使用するコンクリートの熱拡散係数が小さいことが要因[3]の一つと考えられる．

なお，既往の文献[4]では，水セメント比30%の高強度コンクリートの事例であるが，天然砂を使用する場合と比較して，BFSを使用（BFS混合率100%）した場合の方が，コンクリート構造体の温度上昇量は5℃程度高くなると報告している．

4.2.2 ブリーディング

BFSの使用に伴い，コンクリートのブリーディング量は増大する傾向がある．これは，天然砂と比較してBFSは保水性が低いこと，BFSの使用に伴ってコンクリートの単位水量が増大することが要因と考えられる．図4.3，4.4は，普通ポルトランドセメントを使用し，陸砂にBFSを混合使用したコンクリートのブリーディング量を比較した一例[1]である．図中の数値は，コンクリートの単位水量（kg/m^3）を示している．これらの図によると，BFSの銘柄によって差はあるが，BFSの使用に伴ってブリーディング量は増大している．特に，図4.4に示したように，BFSを単独で使用した場合，単位水量が多い場合，目標空気量が少ない場合などでブリーディング量の増加は著しい．

なお，普通ポルトランドセメントを使用し，石灰砕砂にBFSを50%使用したコンクリートについて，目標空気量を3.5%，4.5%，5.5%に変化させた場合，目標空気量が多いほど単位水量が減少するため，ブリーディング量が低下するという結果[1]も得られている．

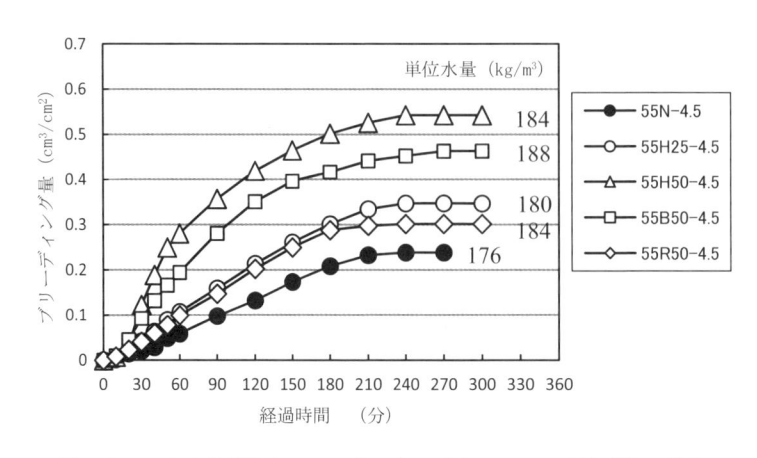

図4.3 BFSを使用したコンクリートのブリーディング量（その1）[1]

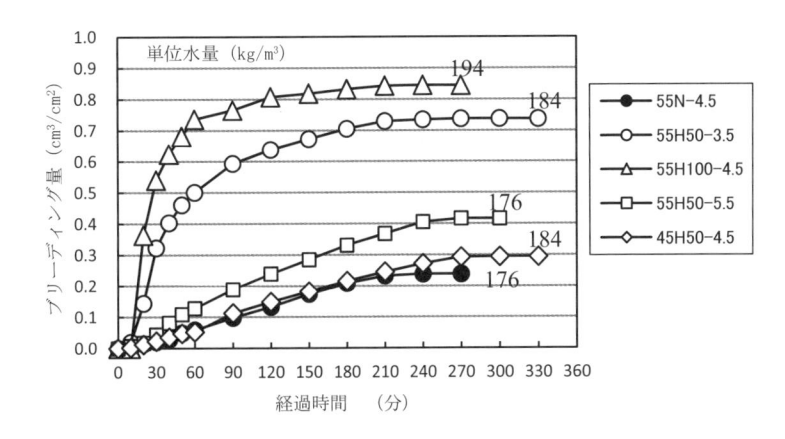

図 4.4 BFS を使用したコンクリートのブリーディング量（その2）[2]

4.2.3 凝結時間

BFS を使用するコンクリートの凝結時間は，既往の文献[5]によると，一般のコンクリートと比較して大差はないと報告されている．しかし，図 4.3，4.4 に示したように，BFS の使用に伴ってブリーディング量は増大する傾向を示し，ブリーディングの終了時間も 30～60 分程度遅くなる．したがって，ブリーディング量が多いコンクリートにおいては，凝結時間がやや遅延する場合があると推測される．

4.3 硬化コンクリートの性質

BFS を使用する硬化コンクリートの性状は，BFS 混合率が高くなると，BFS の種類・銘柄や BFS 混合率によって，砂や砕砂などの普通細骨材を使用するコンクリートの硬化性状と異なる点がある．ここでは，BFS を比較的高い割合で使用する硬化コンクリートの特徴的な性質について紹介する．

4.3.1 強度発現性

（1） 圧縮強度

BFS を使用するコンクリートは，天然砂を使用したコンクリートと比較して，材齢に伴う強度発現性がやや異なる．表 4.4 は，陸砂を使用したコンクリートに対する BFS を使用したコンクリートの圧縮強度比を水セメント比および材齢別に取りまとめた一例[1]である．また，表 4.5 は，本会の高炉スラグ細骨材ワーキンググループで実施した実験で得られた圧縮強度の一覧[1]である．

表 4.4，4.5 によると，BFS を使用したコンクリートの強度発現性は，以下のとおりである．

① 材齢と強度発現性との関係

水セメント比 55% のコンクリートの圧縮強度比を比較すると，BFS を使用したコンクリートの強度発現性は，材齢によって大きく異なる傾向が認められる．

BFS を使用したコンクリートの材齢 1 週における圧縮強度比は，H-50 を除く全てのコンクリートが 1.00 を下回っている．つまり，同一水セメント比で比較すると，BFS を使用したコンクリー

表 4.4 BFS を使用したコンクリートの圧縮強度比の一例（その 1）[1]

水セメント比 (%)	BFS 銘柄	BFS 混合率 (%)	陸砂を使用した場合に対する圧縮強度比 1週	4週	13週
65	陸砂	—	—	1.00	1.00
	H	50	—	0.98	1.02
		100	—	0.85	0.91
55	陸砂	—	1.00	1.00	1.00
	H	50	1.03	1.02	1.14
		100	0.94	0.95	1.08
	B	50	0.97	1.01	1.14
		100	0.91	0.94	1.15
	R	50	0.95	1.00	1.04
		100	0.88	0.95	1.01
40	陸砂	—	1.00	1.00	1.00
	H	50	0.94	0.97	0.98
		100	0.80	0.86	0.91
	B	50	0.93	0.94	0.98
		100	0.83	0.90	0.98
	R	50	0.90	0.90	0.91
		100	0.82	0.89	0.88

トの若材齢における強度発現性は，陸砂を使用したコンクリートと比較して，やや劣るという結果である．なお，圧縮強度比は，BFSの銘柄にかかわらず，混合率100％（BFS単独）の方が小さい値となっている．しかし，BFSを使用したコンクリートの材齢4週における圧縮強度比は，おおむね1.00前後まで増加しており，強度発現性は，陸砂を使用したコンクリートと同様である．さらに，BFSを使用したコンクリートの材齢13週の圧縮強度比は，いずれも1.00を上回っており，BFSを使用したコンクリートは，材齢4週以降の長期の強度発現性が優れていることが特徴であるといえる．これは，わずかではあるが，BFSの潜在水硬性の影響で遷移帯の欠陥が改善されたことによると推察される．

なお，長期の強度発現性に優れるという特徴は，BFSの銘柄にかかわらず同様であり，また，水セメント比65％においてもおおむね同様の傾向である．

② 水セメント比と強度発現性との関係

BFSを使用するコンクリートの強度発現性は，水セメント比によって大きく異なる．

前述したように，水セメント比55％および水セメント比65％の場合は，BFSの銘柄にかかわらず，長期の強度発現性に優れるという特徴が認められる．一方，水セメント比40％の場合は，材齢4週から材齢13週にかけて，圧縮強度比が増加している事例も認められるが，BFSを使用した

表 4.5 BFS を使用したコンクリートの圧縮強度の一覧[1]

W/C (%)	コンクリートの記号[1]	BFS 銘柄	混合率 (%)	Series:1 1週	Series:1 4週	Series:1 13週	Series:2 4週	Series:3 4週	Series:4 4週	Series:4 13週	Series:5 4週	Series:5 13週
65	N100-65-4.5	—	0	—	—	—	—	—	—	—	30.8	35.6
65	H50-65-4.5	H	50	—	—	—	—	—	29.1	—	30.2	36.4
65	H100-65-4.5	H	100	—	—	—	—	—	—	—	26.2	32.4
55	N100-55-5.5	—	0	—	—	—	37.2	—	—	—	—	—
55	N100-55-4.5	—	0	28.7	40.4	45.6	40.1	44.5	41.5	—	41.0	46.6
55	N100-55-3.5	—	0	—	—	—	43.2	—	—	—	—	—
55	H25-55-4.5	H	25	—	—	—	—	—	39.6	47.2	—	—
55	H50-55-5.5	H	50	—	—	—	—	—	33.1	42.1	—	—
55	H50-55-4.5	H	50	29.6	41.4	52.2	—	—	39.1	—	39.7	45.9
55	H50-55-3.5	H	50	—	—	—	—	—	40.3	49.3	—	—
55	H100-55-5.5	H	100	—	—	—	36.5	—	—	—	—	—
55	H100-55-4.5	H	100	27.1	38.4	49.2	38.2	33.7	37.1	—	35.5	46.1
55	H100—55—4.5	H	100	—	—	—	39.3	—	—	—	—	—
55	B50-55-4.5	B	50	27.9	40.7	52.1	—	—	37.8	47.0	—	—
55	B100-55-4.5 ①	B	100	26.0	38.0	52.5	—	38.0	—	—	—	—
55	B100-55-4.5 ②	B	100	—	—	—	—	39.7	—	—	—	—
55	R50-55-4.5	R	50	27.4	40.2	47.4	—	—	38.4	46.1	—	—
55	R100-55-5.5	R	100	—	—	—	37.3	—	—	—	—	—
55	R100-55-4.5	R	100	25.3	38.5	46.1	40.6	40.3	—	—	—	—
55	R100-55-3.5	R	100	—	—	—	40.1	—	—	—	—	—
45	N100-45-4.5	—	0	—	—	—	—	—	—	—	54.0	61.4
45	H50-45-4.5	H	50	—	—	—	—	—	50.9	—	51.0	59.8
45	H100-45-4.5	H	100	—	—	—	—	—	—	—	50.5	58.9
40	N100-40-4.5	—	0	56.4	72.2	80.0	—	—	—	—	—	—
40	B50-40-4.5	B	50	52.6	68.1	78.2	—	—	—	—	—	—
40	B100-40-4.5	B	100	46.6	64.8	78.2	—	—	—	—	—	—
40	H50-40-4.5	H	50	53.1	69.8	78.4	—	—	—	—	—	—
40	H100-40-4.5	H	100	45.1	62.3	72.8	—	—	—	—	—	—
40	R50-40-4.5	R	50	50.5	64.9	72.4	—	—	—	—	—	—
40	R100-40-4.5	R	100	46.5	64.5	70.4	—	—	—	—	—	—
30	N100-30-5.0	—	0	—	—	—	96.9	—	—	—	—	—
30	N100-30-3.5	—	0	—	—	—	102.9	—	—	—	—	—
30	N100-30-2.0	—	0	90.5	105.5	120.5	105.4	104.7	—	—	—	—
30	B50-30-2.0	B	50	84.1	103.7	106.4	—	—	—	—	—	—
30	B100-30-2.0	B	100	75.9	97.2	104.7	—	—	—	—	—	—
30	H50-30-2.0	H	50	82.5	102.9	110.3	—	—	—	—	—	—
30	H100-30-5.0	H	100	—	—	—	92.3	—	—	—	—	—
30	H100-30-3.5	H	100	—	—	—	83.4	—	—	—	—	—
30	H100-30-2.0	H	100	79.0	95.2	100.3	93.5	84.8	—	—	—	—
30	R50-30-2.0	R	50	81.3	102.3	112.2	—	—	—	—	—	—
30	R100-30-5.0	R	100	—	—	—	81.3	—	—	—	—	—
30	R100-30-3.5	R	100	—	—	—	79.1	—	—	—	—	—
30	R100-30-2.0	R	100	74.7	95.8	102.5	91.7	94.3	—	—	—	—

[注] （1） コンクリートの記号は，[BFS の銘柄－混合率－W/C－空気量] を示す．

コンクリートの圧縮強度比は，BFS の銘柄および材齢にかかわらず，全て 1.00 を下回っている．なお，既往の文献[4]によると，水セメント比 30% および 20% においても，同様の傾向が得られている．

水セメント比が低い場合，BFS を使用するコンクリートの圧縮強度比が低下する理由としては，天然砂に比較して，BFS 自体（骨材自体）の強度が低いことが要因の一つと考えられる．表 4.6 は，BS812 の附属書に従って求めた陸砂および BFS の破砕値試験結果の一例[6]である．なお，ここで言う破砕値とは，2.5〜1.2 mm に分級した細骨材を試験容器（内径 78 mm）に詰めて，荷重 25 kN を載荷した際に 0.3 mm 以下に破砕した粒子の割合を示している．表 4.6 によると，BFS の破砕値は，その銘柄にかかわらず，陸砂の値を大きく上回っており，BFS 自体の強度が低いことがうかがえる．

③ BFS を使用するコンクリートの強度発現性

表 4.6　BS812 の附属書による細骨材の破砕値[6]

細骨材の種類	陸砂	BFS-H	BFS-R	BFS-B
破砕値（%）	4.3	22.0	22.2	25.6

BFS を使用するコンクリートの強度発現性は，強度レベルによって異なる．通常の強度レベル（水セメント比 55% 程度）では，天然砂と比較して，若材齢ではやや劣り，材齢 4 週では同程度，材齢 13 週では同等以上である．一方，高強度レベル（水セメント比 40% 以下）では，長期材齢における強度発現性は期待できず，BFS の銘柄，材齢にかかわらず，天然砂を使用したコンクリートよりやや劣る傾向がある．

（2） 割裂引張強度

BFS を使用したコンクリートの割裂引張強度試験結果の一例[4]を表 4.7 に示す．表 4.7 によると，BFS を使用したコンクリートの割裂引張強度の発現性は，圧縮強度の発現性とやや異なる傾向が認められる．

圧縮強度の発現性は，強度レベル（水セメント比）による差が顕著であるが，割裂引張強度の場合は強度レベルの影響が小さく，いずれの水セメント比においても，おおむね同様の傾向である．また，BFS の銘柄による顕著な差は認められず，BFS を使用したコンクリートの割裂引張強度は，ほとんどの場合，同一水セメント比の川砂を使用したコンクリートの値を下回っている．また，BFS 混合率と割裂引張強度比を比較すると，強度比は BFS 混合率におおむね比例している．これは，圧縮強度と比較して，割裂引張強度の方が試験結果の変動が大きいことも原因の一つと考えられるが，総じて，BFS を使用したコンクリートの割裂引張強度の発現性は，天然砂を使用したコンクリートと比較して劣ると判断することができる．

なお，BFS を使用するコンクリートの割裂引張強度と養生方法との間に明確な関係は認められない．

表4.7 BFSを使用したコンクリートの割裂引張強度試験結果の一例[4]

養生方法	細骨材の種類	割裂引張強度（N/mm²）[川砂に対する強度比]			
		W/C：60%[1]	W/C：40%[1]	W/C：30%[2]	W/C：24%[2]
標準養生（材齢28日）	川砂	3.34	4.20	5.97	6.99
	BFS-SA	3.30 [0.99]	4.17 [0.99]	5.58 [0.93]	5.65 [0.81]
	BFS-SB	2.29 [0.69]	4.28 [1.02]	4.47 [0.75]	6.18 [0.88]
	BFS-SC	2.72 [0.81]	4.39 [1.05]	5.28 [0.88]	5.85 [0.84]
	川砂＋BFS-SA	3.20 [0.96]	—	6.01 [1.01]	6.25 [0.89]
	川砂＋BFS-SB	2.67 [0.80]	—	5.37 [0.90]	5.98 [0.86]
	川砂＋BFS-SC	3.27 [0.98]	—	5.78 [0.97]	5.48 [0.78]
封かん養生（材齢28日）	川砂	3.34	3.96	5.29	6.52
	BFS-SA	3.17 [0.95]	4.14 [1.05]	5.52 [1.04]	5.28 [0.81]
	BFS-SB	2.72 [0.81]	3.59 [0.91]	5.00 [0.95]	5.06 [0.78]
	BFS-SC	3.01 [0.90]	3.95 [1.00]	4.00 [0.76]	4.45 [0.68]
	川砂＋BFS-SA	3.12 [0.93]	—	6.14 [1.16]	6.03 [0.92]
	川砂＋BFS-SB	3.18 [0.95]	—	4.67 [0.88]	5.33 [0.82]
	川砂＋BFS-SC	3.07 [0.92]	—	5.10 [0.96]	5.26 [0.81]

［注］（1） 普通ポルトランドセメントを使用
　　　（2） 低熱ポルトランドセメントを使用

4.3.2 ヤング係数

BFSを使用するコンクリートのヤング係数は，ほぼ同程度の圧縮強度を有する一般のコンクリートと比較して高くなる傾向がある．

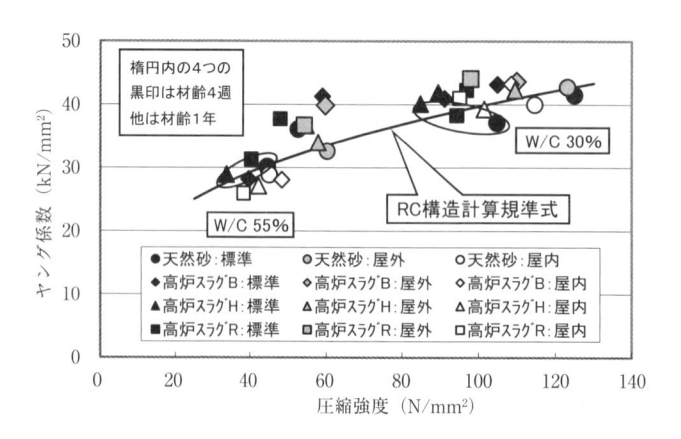

図4.5は，コンクリートの圧縮強度とヤング係数との関係を示した一例[7]である．図4.5によると，BFSを使用したコンクリートのヤング係数は，コンクリートの圧縮強度（30～120 N/mm²）にかかわらず，JASS 5に示される式（RC構造計算規準式）によっておおむね推定できる．ただし，前述したように，BFSの使用に伴い，同一強度におけるヤング係数は，やや大きくなる傾向がある．そこで，従来，ヤング係数を推定する際に採用されている推定式に細骨材による係数（k_1'）を考慮して検討した結果，BFSを使用するコンクリートのヤング係数は，（4.1）式および（4.2）式によって，より正確に推定できることが確認されている．

なお，BFSを単独使用する場合，細骨材による係数（k_1'）は1.10としてよい．

BFSを使用するコンクリートのヤング係数の予測式

コンクリートの圧縮強度が36 N/mm²以下の場合

$$E = 21.0 \times k_1 \times k_1' \times k_2 \times (\gamma/2.3)^{1.5} \times (\sigma_B/20)^{0.5} \quad (4.1)$$

コンクリートの圧縮強度が36 N/mm²を超える場合

$$E = 33.5 \times k_1 \times k_1' \times k_2 \times (\gamma/2.4)^2 \times (\sigma_B/60)^{1/3} \quad (4.2)$$

ここに，E：コンクリートのヤング係数（N/mm²）
γ：コンクリートの気乾単位容積質量（t/m³）
σ_B：コンクリートの圧縮強度（N/mm²）
k_1：粗骨材による係数
k_1'：細骨材による係数
k_2：混和材による係数

図 4.5 コンクリートの圧縮強度とヤング係数との関係[7]

4.3.3 気乾単位容積質量

BFSを使用するコンクリートの気乾単位容積質量は,一般のコンクリートと同様,おおむね2.3 t/m³前後であり,単位セメント量の多い高強度コンクリートでは2.4 t/m³程度である.

BFSの絶乾密度は,JIS A5011-1(コンクリート用スラグ骨材-第1部:高炉スラグ骨材)で2.5 g/cm³以上と規定されている.水砕砂の絶乾密度は,スラグ自体の密度より若干小さく,2.5~2.8 g/cm³,平均2.7 g/cm³程度である.つまり,水砕砂の密度は,天然砂や砕砂と同程度かやや大きい程度であり,コンクリートの気乾単位容積質量は,一般のコンクリートのそれとほとんど変わらない.

なお,軽量コンクリートの場合は,試験または信頼できる資料による値とするが,JASS 5に規定される推定式を用いて気乾単位容積質量の推定値を求め,それよりやや大きめの値を採用すればよい.

4.4 耐久性

BFSを使用するコンクリートの耐久性は,一般のコンクリートと同程度か,または,品質項目によっては,一般のコンクリートより高い耐久性を有する場合がある.ここでは,BFSを使用したコンクリートの耐久性に関連して特徴的な性質について紹介する.

4.4.1 乾燥収縮

BFSを使用するコンクリートの長さ変化率(乾燥収縮率)は,一般のコンクリートと比較して小さくなる傾向がある.図4.6は,普通ポルトランドセメント(W/C 45~65%)および中庸熱ポルトランドセメント(W/C 30%)を使用し,陸砂にBFSを混合使用したコンクリートの乾燥収縮試験結果の一例[1])である.なお,図の凡例「55H100」は,W/C・骨材の種類・BFS混合率の組合せを示し,骨材の種類Nは陸砂,H,B,RはBFSの銘柄を示す.

図4.6によると,BFSを使用したコンクリートの乾燥収縮性状は,以下のとおりである.

① BFS混合率とコンクリートの長さ変化率との関係

BFSを使用したコンクリートの長さ変化率は,BFSの使用に伴って減少する傾向を示し,その減少割合は,BFS混合率にほぼ比例している.また,この傾向は,質量減少率についても同様である.具体的な数値で示すと,水セメント比55%の場合,BFS混合率100%のコンクリートの長さ変化率(乾燥期間26週)は,陸砂を使用したコンクリートと比較して約23%,BFS混合率50%では約12%減少している.また,水セメント比30%における減少割合は,BFS混合率100%の場合は約28%,BFS混合率50%の場合は約16%であり,長さ変化率の低下割合は,水セメント比にかかわらずBFS混合率におおむね比例している.

なお,陸砂を使用したコンクリートの長さ変化率に対するBFS混合率100%のコンクリートの長さ変化率の減少割合を水セメント比別に比較すると,水セメント比30%の場合は約28%,水セメント比45%の場合は約23%,水セメント比55%の場合は約23%,水セメント比65%の場合は約29%であり,水セメント比にかかわらず同程度の値である.

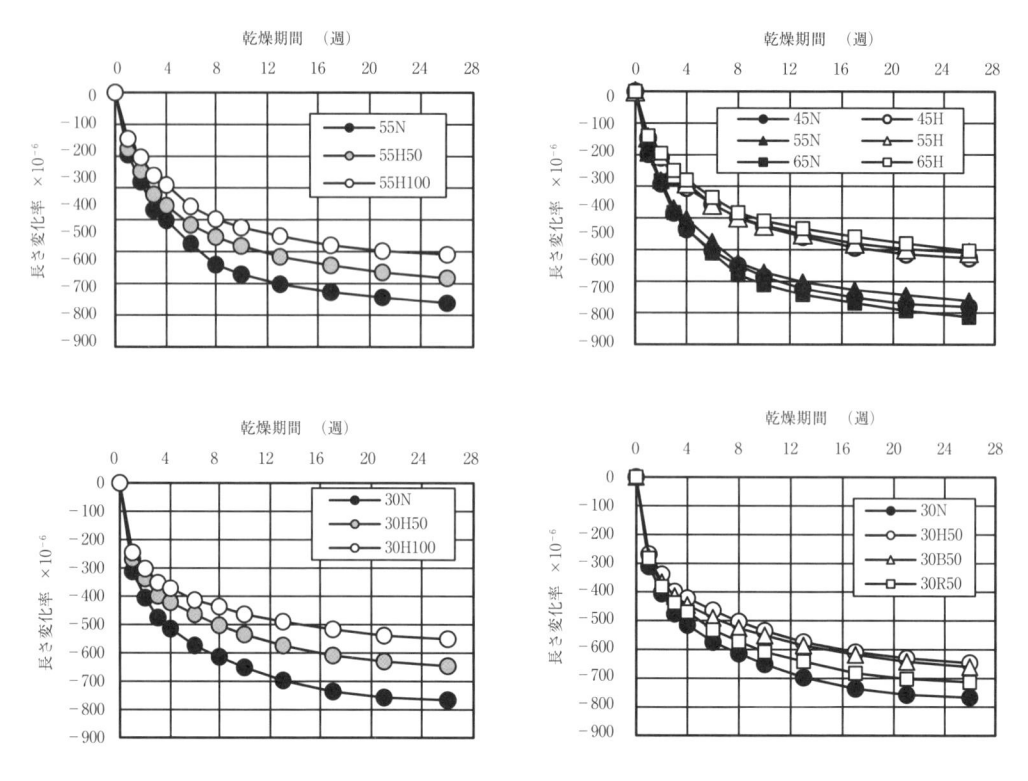

図 4.6 BFS を使用したコンクリートの乾燥収縮試験結果の一例[1]

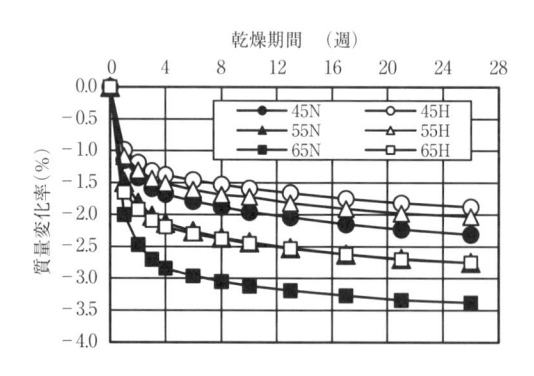

図 4.7 コンクリートの質量変化率の一例[1]

② 水セメント比とコンクリートの長さ変化率との関係

　水セメント比の違いがコンクリートの長さ変化率に及ぼす影響は比較的小さい．

　陸砂を使用したコンクリートについて，水セメント比 45%と水セメント比 65%の長さ変化率（乾燥期間 26 週）を比較すると，その差は 30×10^{-6} 程度である．また，BFS 混合率 100%のコンクリートにおいては，水セメント比 65%よりも水セメント比 45%のコンクリートの長さ変化率の方が若干大きな値となっている．

一方,質量変化率は,図4.7に示すように,水セメント比の影響を大きく受け,水セメント比の増加に伴って,質量減少率は明確に増大している.また,この傾向は,BFSの使用の有無にかかわらず同様である.

なお,長さ変化率と質量変化率の関係を水セメント比ごとに比較すると,両者は良く対応している.

③ BFSの品質とコンクリートの長さ変化率との関係

コンクリートの長さ変化率は,BFSの銘柄によって差が認められ,水セメント比30%,BFS混合率50%の長さ変化率(乾燥期間26週)を比較すると,BFSの銘柄によって最大$70×10^{-6}$近い差が認められる.ただし,BFSの品質(絶乾密度,吸水率)からコンクリートの長さ変化率に及ぼす影響の程度を推定することは難しく,コンクリートの乾燥収縮性状に及ぼす影響の程度を評価できる代用特性の検討が必要である.

BFSの乾燥収縮性状に及ぼす影響の程度を評価する試みとして,水蒸気吸着特性による評価[1],水銀圧入による細孔径分布による評価[8]などが行われている.

本会「鉄筋コンクリート造建築物の収縮ひび割れ制御設計・施工指針(案)・同解説」では,コンクリートの乾燥収縮率の予測式が提案されている.この式は,普通細骨材を用いることを標準としているが,この式において,BFSを使用した際の効果(細骨材の種類の影響を表す係数:γ_1')を評価できるように提案されたのが(4.3)式である.

なお,BFSを使用するコンクリートの乾燥収縮率は一般のコンクリートよりも小さくなり,BFSを単独使用するコンクリートのγ_1'は,0.85としてよい.

BFSを使用するコンクリートの乾燥収縮率の予測式

$$\varepsilon_{sh}(t, t_0) = k \cdot t_0^{-0.08} \cdot \left\{\left(1 - \frac{h}{100}\right)^3\right\} \cdot \left(\frac{(t \cdot t_0)}{0.16 \cdot (V/S)^{1.8} + (t + t_0)}\right)^{1.4(V/S)^{-0.18}} \quad (4.3)$$

$k = (11 \cdot W - 1.0 \cdot C - 0.82 \cdot G + 404) \cdot \gamma_1 \cdot \gamma_1' \cdot \gamma_2 \cdot \gamma_3$

ここに,$\varepsilon_{sh}(t, t_0)$:乾燥日数t日の収縮ひずみ($×10^{-6}$)

t:乾燥日数(日)

t_0:乾燥開始材齢(日)

h:相対湿度(%)

W:単位水量(kg/m³)

C:単位セメント量(kg/m³)

G:単位粗骨材量(kg/m³)

γ_1:粗骨材の種類の影響を表す係数

γ_1':細骨材の種類の影響を表す係数

γ_2:セメントの種類の影響を表す係数

γ_3:混和材の種類の影響を表す係数

V/S:体積表面積比(mm)で体積V(mm³)と乾燥部分の表面積S(mm²)の比を表す

4.4.2 中性化速度

BFSを使用するコンクリートの中性化速度は，一般のコンクリートと比較して遅くなる傾向がある．図4.8は，普通ポルトランドセメントを使用し，陸砂にBFS-Hを混合使用したコンクリートの促進中性化試験結果の一例[1]である．

なお，図中の記号（H50, H100）の数値は，BFS混合率を示す．また，試験に供したコンクリートの圧縮強度（材齢4週）は，BFS混合率50％では陸砂を使用したコンクリートと同程度，BFS混合率100％では，陸砂を使用したコンクリートをやや下回る値である．

図4.8によると，BFSを使用したコンクリートの中性化速度係数は，水セメント比にかかわらず，遅くなる傾向が認められる．また，中性化速度係数の低下割合は，ややばらつきがあるが，おおむね，BFS混合率に比例している．

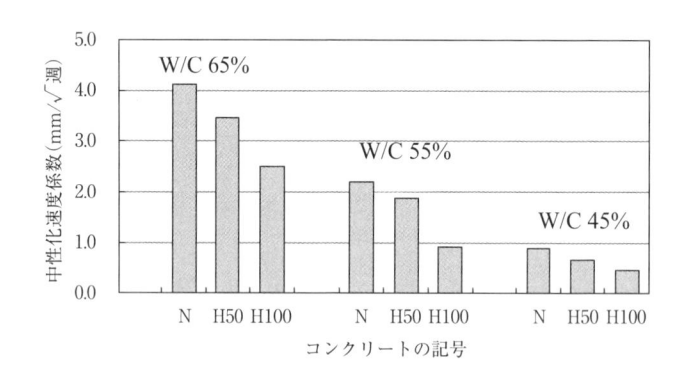

図 4.8 BFSを使用したコンクリートの促進中性化試験結果の一例[1]

4.4.3 凍結融解抵抗性

BFSを使用するコンクリートの凍結融解抵抗性は，一般のコンクリートと同様，所定の空気量を連行することで向上させることができる．ただし，BFSを使用するコンクリートは，前述したように，エントラップトエアの増大，ブリーディング量が過大に増加するなどの現象を生じる場合があるため，この点について考慮する必要がある．

図4.9は，普通ポルトランドセメント，勇払産陸砂を使用した水セメント比55％のコンクリートの空気量と凍結融解試験における耐久性指数との関係を示した一例[9]である．図4.9によると，BFSを使用したコンクリートの場合，空気量が6％程度以上でも耐久性指数が60以下となる場合が認められる．これらのコンクリートは，いずれも単位水量が190 kg/m³以上であり，ブリーディング量の影響で気泡間隔係数が大きくなり，このことが耐久性指数の低下につながったと考えられる．

一方，図4.10は，図4.9に示したコンクリートについて，気泡間隔係数と耐久性指数との関係について取りまとめたものである．図4.9および図4.10によると，BFSを使用したコンクリートで耐久性指数が小さいコンクリート（単位水量が190 kg/m³以上のコンクリート）は，いずれも，気泡間隔係数が大きいことが確認できる．

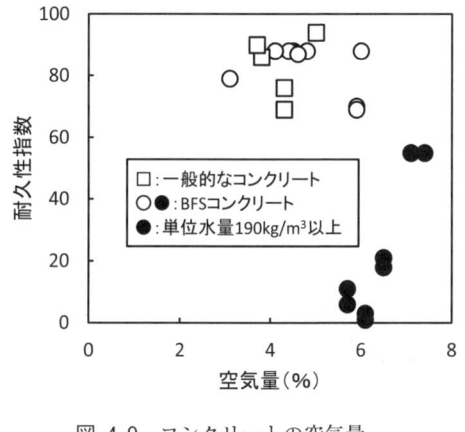

図 4.9　コンクリートの空気量と耐久性指数の関係[9]

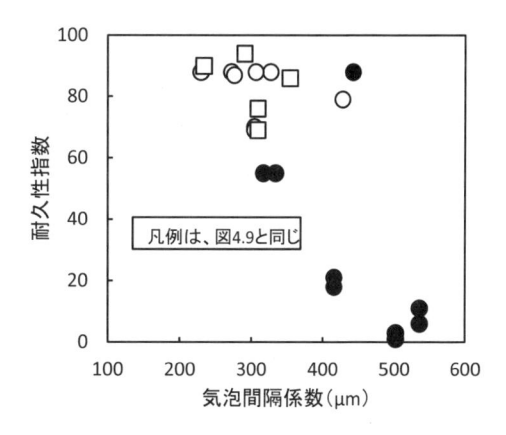

図 4.10　コンクリートの気泡間隔係数と耐久性指数の関係[9]

既往の文献[10]によると，ブリーディング量が多くなると，いったん形成された空気泡が破泡や合泡して大きな気泡になることが報告されている．

図4.11は，ブリーディング量と気泡間隔との関係を示した一例[9]であるが，ブリーディング量が増大すると，気泡間隔係数が大きくなる傾向が認められる．したがって，BFSを使用するコンクリートにおいては，凍結融解抵抗性の観点からもブリーディング量を抑制することが重要であるといえる．

なお，ブリーディングの抑制対策としては，骨材中の微粒分量の増大，低減効果のある混和剤の使用，単位水量の低減などが挙げられる．

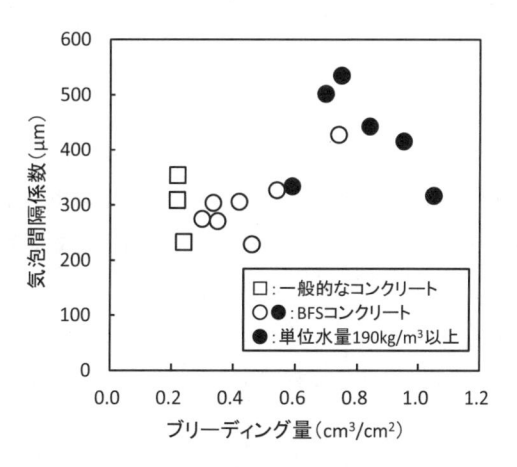

図 4.11　ブリーディング量と気泡間隔係数との関係[10]

一般のコンクリートで品質基準強度が36 N/mm²を超える場合は，空気量が少なくても耐凍害性に優れた結果を示す．このため，このような場合，JASS 5の26節では「空気量の下限値を3％とすることができる」と規定されている．BFSを使用するコンクリートについても品質基準強度が36 N/mm²を超える場合は，同様の傾向を示すことが報告[1]されているが，BFSの種類や混合率によってエントラップトエアの量が異なる場合があるため，試験によって耐凍害性を確認するか，空気量の下限値をやや増加させた方が望ましい．

4.4.4 アルカリシリカ反応性

BFSは化学的に安定しており，アルカリシリカ反応発生のおそれのない骨材である．したがって，JIS A 5011-1には，アルカリシリカ反応性による区分に関する規定がなく，BFSは試験によって反応性を確認することなく，"無害"な骨材と見なして取り扱うことができる．

表4.8は，代表的なBFSについて実施した化学法によるアルカリシリカ反応性試験結果の一例[1]である．表4.8によると，BFSからは溶解シリカがほとんど検出されず，アルカリシリカ反応性は"無害"と判定される．

表4.8　化学法によるBFSのアルカリシリカ反応性試験結果[1]

BFSの銘柄	ロット	化学法による試験結果		
		Sc (mmol/l)	Rc (mmol/l)	判　定
B	2010年度	1	14	無　害
B	2011年度	0	30	無　害
H	2010年度	0	16	無　害
H	2011年度	0	25	無　害
R	2010年度	1	55	無　害
R	2011年度	0	35	無　害

高炉スラグ微粉末は，アルカリシリカ反応の抑制効果を有する混和材の一つである．高炉スラグ微粉末とBFSの原料は同じ高炉スラグであるが，BFSにはアルカリシリカ反応を抑制する効果は期待できない．

図4.12は，3種類の反応性骨材に標準砂およびBFSを混合使用したモルタルについて，迅速法による膨張率を示した一例[1]である．なお，図中のモルタルの記号で，AR1：100とは反応性骨材100％，迅速法とは反応性骨材に標準砂を50％（質量比）混合したモルタル，AR1+R50とは反応性骨材にBFS-Rを50％（質量比）混合したモルタルを示す．

図4.12によると，BFSの混合使用によって，モルタルの膨張率が増加（アルカリシリカ反応性を助長）することはないが，膨張率を大きく抑制する効果も認められない．

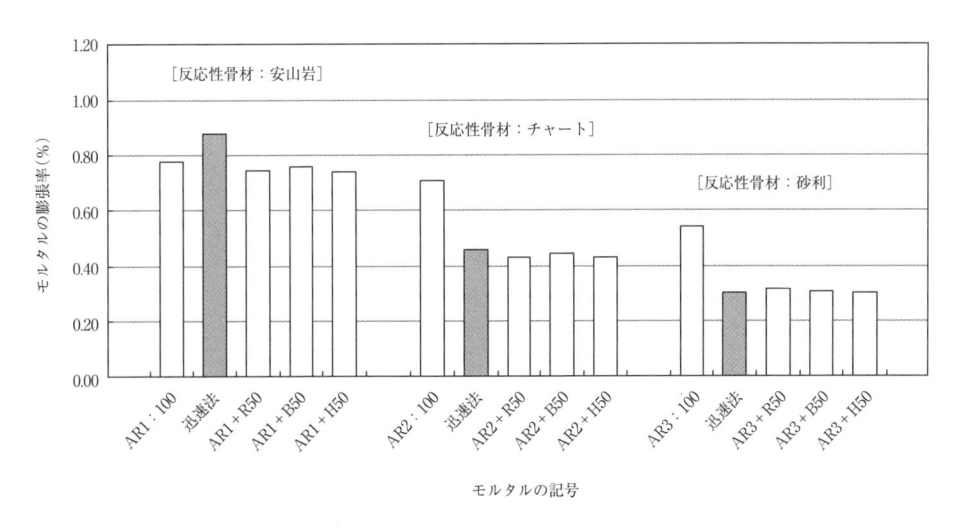

図 4.12 反応性骨材に BFS を混合使用したモルタルの迅速法による膨張率[1]

参 考 文 献

1) 日本建築学会：高炉スラグ細骨材を用いるコンクリートの施工についての調査研究（その3）報告書，2012.3
2) 日本鉄鋼連盟：コンクリート用高炉スラグ細骨材標準化に関する研究，コンクリート用高炉スラグ細骨材標準化研究委員会，1979.6
3) 友沢史紀，桝田佳寛ほか：模型コンクリート部材による内部温度上昇の測定，昭和52年度建築研究所年報，建設省建築研究所，pp. 89-92，1979.3
4) 石　東昇：高炉スラグ細骨材を使用した高強度コンクリートの力学特性および調合設計法に関する研究（宇都宮大学博士号論文），2011.9
5) 日本鉄鋼連盟：コンクリート用水砕スラグ細骨材の使用規準の作成に関する研究報告書，昭和52年度建設省建設技術研究補助金研究，1978.3
6) 齋藤辰弥，阿部道彦：高炉スラグ細骨材の破砕値に関する実験的検討，日本建築学会学術講演梗概集 A-1，pp. 263-264，2012.9
7) 鹿毛忠継ほか：高炉スラグ細骨材を使用したコンクリートの長期性状に関する実験，日本建築学会学術講演梗概集 A-1，pp. 265-266，2012.9
8) 日本コンクリート工学会：コンクリートの収縮特性評価およびひび割れへの影響に関する調査研究委員会報告書，pp. 95-103，2012.8
9) 山崎　舞ほか：高炉スラグ細骨材を用いたコンクリートの耐凍害性におよぼすブリーディングの影響（その2　WG全実験シリーズデータの総合的検討），日本建築学会学術講演梗概集 A-1，pp. 529-530，2012.9
10) 坂田　昇ほか：中庸熱フライアッシュセメントを用いたコンクリートの耐凍害性に及ぼす凝結過程の空気量変化の影響，コンクリート工学論文集，No. 22，Vol. 3，2011

5. 高炉スラグ細骨材を使用した高強度コンクリートの実験結果の紹介

5.1 西日本地域における使用方法を考慮した実験結果の紹介

5.1.1 実験目的

　東日本では，一般に骨材製造業者が数種の細骨材をあらかじめ混合し，生コン工場に納入しているケースが多い．高炉スラグ細骨材が使用されている場合も同様で，その混合率はおおむね30%以下である．一方，西日本では，砕砂等の粒度調整を目的として高炉スラグ細骨材を生コン工場に直接納入しているケースが多く，その混合率は30～50%程度の場合が多い．また，全国的に高強度コンクリートのニーズが高まり，高炉スラグ細骨材を用いた細骨材に関しても対応が必要となりつつある．そこで，本試験では，中国地方で使用されている代表的な骨材を用いて，高炉スラグ細骨材の混合率が50%の高強度コンクリートの凍結融解抵抗性を確認することとした．

5.1.2 実験日時および場所

　試験体作製日時：2011年9月28日(水)

　試験場所：試験体作製・圧縮強度・凍結融解　竹本油脂株式会社コンクリート材料研究所
　　　　　　気泡組織　　　　　　　　　　　　株式会社八洋コンサルタント　技術センター

5.1.3 使用材料

（1）　セメント：普通ポルトランドセメント(N)（3社等量混合）密度 $3.16\,g/cm^3$
　　　　　　　　：中庸熱ポルトランドセメント(M)（3社等量混合）密度 $3.21\,g/cm^3$
（2）　細骨材：石灰砕砂(S)　表乾密度 $2.62\,g/cm^3$，吸水率 1.16%，粗粒率 2.92
　　　　　　　：高炉スラグ細骨材(Sg)　表乾密度 $2.76\,g/cm^3$，吸水率 0.51%，粗粒率 2.56,
（3）　粗骨材：石灰砕石(G)　表乾密度 $2.69\,g/cm^3$，吸水率 0.48%，実積率 60.0%
（4）　混和剤：AE減水剤（標準形Ⅰ種）
　　　　　　　：高性能AE減水剤（標準形Ⅰ種）
　　　　　　　：AE剤，消泡剤
（5）　練混ぜ水：上水道水(W)

5.1.4 実験概要

（1）　実験の組合せ

　実験の組合せを表5.1に示す．水セメント比55%の普通強度のコンクリートについては，セメントは普通ポルトランドセメントを使用し，空気量は3水準とした．また，水セメント比30%と25%の高強度コンクリートについては，セメントは中庸熱ポルトランドセメントを使用し，空気量は水セメント比30%では3水準，水セメント比25%では2水準について検討を行った．

表5.1 実験の組合せ

No.	記号	セメント種別	水セメント比（％）	目標スランプ（フロー）(cm)	目標空気量（％）
1	N55-3.5	N	55	18±1.0	3.5
2	N55-4.5	N	55	18±1.0	4.5
3	N55-5.5	N	55	18±1.0	5.5
4	M30-3.5	M	30	55.0±7.5	3.5
5	M30-4.5	M	30	55.0±7.5	4.5
6	M30-5.5	M	30	55.0±7.5	5.5
7	M25-3.5	M	25	60.0±10.0	3.5
8	M25-4.5	M	25	60.0±10.0	4.5

（2） 調　　合

　計画調合表を表5.2に示す．単位水量は，水セメント比55％では185 kg/m³以下となり，また，水セメント比30％と25％については160 kg/m³とした．

表5.2 計画調合表

No.	記号	W/C（％）	単位量（上段：kg/m³，下段：l/m³）					
			W	C	S	Sg	G	合計
1	N55-3.5	55	179	325	423	446	968	2341
			179	103	162	162	360	965
2	N55-4.5	55	175	318	418	440	968	2319
			175	101	160	160	360	955
3	N55-5.5	55	171	311	414	436	968	2300
			171	98	158	158	360	945
4	M30-3.5	30	160	533	407	429	855	2384
5	M30-4.5	30	160	166	156	156	318	955
6	M30-5.5	30						
7	M25-3.5	25	160	640	364	384	855	2403
8	M25-4.5	25	160	199	139	139	318	955

［注］No.4，5，6とNo.7，8は調合上の空気量はすべて4.5％とした．

5.1.5 試験項目および試験方法

　試験項目および試験方法を表5.3に示す．

表5.3 試験項目および試験方法

試験項目	試験方法
スランプ	JIS A 1101
空気量	JIS A 1128
コンクリート温度	JIS A 1156
ブリーディング	JIS A 1123
圧縮強度	JIS A 1108, 標準養生, 材齢28日
凍結融解	JIS A 1148（A法）
気泡組織	ASTM C 457

5.1.6 実験条件

（1） 水セメント比：55.0％

1） ミキサー：強制パン型ミキサー（公称55 l）
2） 練り量：45 l
3） 練混ぜ：(S＋Sg＋C)＋G＋W(＋Ad)→90秒練り→排出
4） コンクリート温度；20±3℃

（2） 水セメント比：30.0％, 25.0％

1） ミキサー：強制二軸ミキサー（公称55 l）
2） 練り量：45 l
3） 練混ぜ：S＋Sg＋C→空練り10秒→＋W(＋AD)→120秒練り→＋G→120秒練り→5分静置→30秒練り→排出
4） コンクリート温度：20±3℃

5.1.7 実験結果

（1） フレッシュ性状

フレッシュ性状の試験結果を表5.4に示す．

表5.4 フレッシュ性状

No.	記号	混和剤の種類	混和剤使用量(C×％)	AE剤(A)	消泡剤(A)	スランプ(cm)	スランプフロー(cm)	空気量(％)	コンクリート温度(℃)	ブリーディング量(cm³/cm²)
1	N55-3.5	EX20	0.20	1.0	5.0	19.0	30.5×30.0	3.4	21.0	0.38
2	N55-4.5	EX20	0.20	2.0	5.0	18.5	31.5×31.5	4.8	21.0	0.33
3	N55-5.5	EX20	0.20	3.0	5.0	18.0	30.0×28.5	5.5	21.0	0.29
4	M30-3.5	HP-11	0.85	2.0	0.5	—	56.8×56.4	3.3	21.0	0.00
5	M30-4.5	HP-11	0.85	4.0	0.5	—	57.3×54.7	4.8	21.0	0.00
6	M30-5.5	HP-11	0.85	5.0	0.5	—	57.4×55.2	6.0	21.0	0.00
7	M25-3.5	HP-11	1.05	4.0	0.5	—	53.0×52.6	3.7	22.0	0.00
8	M25-4.5	HP-11	1.05	6.5	0.5	—	51.7×50.0	4.5	22.0	0.00

（2） 圧縮強度

圧縮強度試験結果（供試体3体の平均値）を表5.5に示す．

表5.5 圧縮強度試験結果

No.	記　号	W/C (%)	目標空気量 (%)	質　量 (kg)	圧縮強度 (N/mm²)
1	N55-3.5	55	3.5	3.77	46.1
2	N55-4.5		4.5	3.74	44.8
3	N55-5.5		5.5	3.72	40.7
4	M30-3.5	30	3.5	3.80	87.3
5	M30-4.5		4.5	3.76	85.0
6	M30-5.5		5.5	3.69	78.6
7	M25-3.5	25	3.5	3.79	102
8	M25-4.5		4.5	3.78	99.2

（3） 凍結融解試験

凍結融解試験結果を図5.1および図5.2に示す．

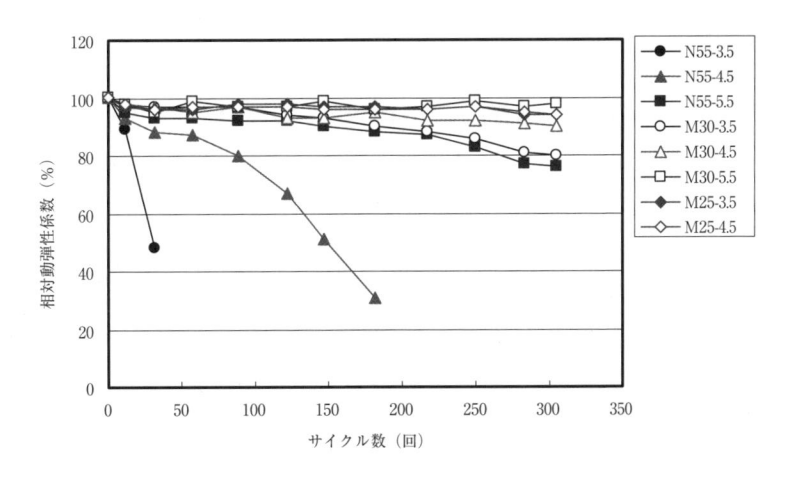

図 5.1　凍結融解試験結果（相対動弾性係数）

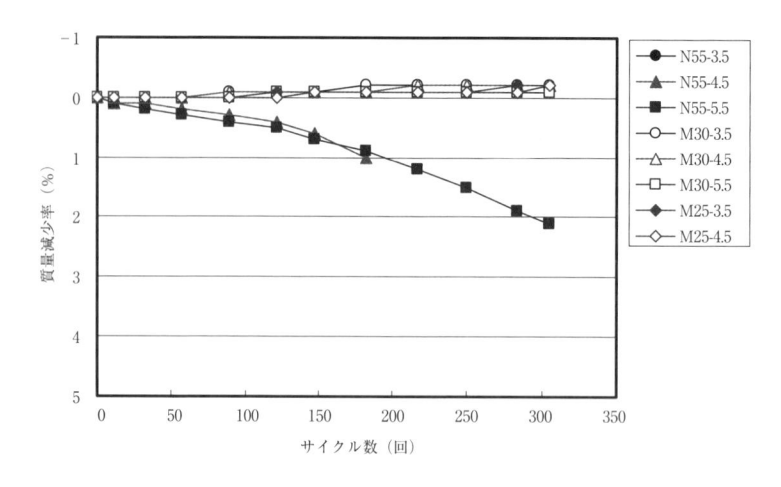

図 5.2 凍結融解試験結果（質量減少率）

図5.1および図5.2によると，水セメント比55%で空気量が3.5%および4.5%のコンクリートは，300サイクル以前に相対動弾性係数が60%を下回ったが，空気量が5.5%のものは300サイクルで80%近い相対動弾性係数となっている．一方，水セメント比30%および25%のコンクリートは，いずれも300サイクルで相対動弾性係数が80%以上となっている．また，図5.2によると，水セメント比55%のコンクリートは，水セメント比30%および25%のコンクリートと比べて質量減少率が大きくなる傾向が認められた．

(4) 気泡組織

硬化コンクリートの気泡組織測定結果を表5.6に示す．これによると，全般に硬化コンクリートの空気量は，フレッシュ時に比べてやや少なくなっている．また，気泡間隔係数は，水セメント比55%の場合は水セメント比30%および25%の場合と比べて大きくなる傾向が認められ，前述した水セメント比による凍結融解試験結果の相違は，気泡間隔係数によって説明できるといえる．このほか，水セメント比30%および25%の高強度コンクリートは，表5.4に示すようにブリーディン

表5.6 硬化コンクリートの気泡組織測定結果

No.	記号	W/C (%)	空気量 (%)	気泡間隔係数 (μm)
1	N55-3.5	55	3.1	753
2	N55-4.5	55	3.6	559
3	N55-5.5	55	4.7	416
4	M30-3.5	30	3.1	500
5	M30-4.5	30	4.1	454
6	M30-5.5	30	5.3	303
7	M25-3.5	25	3.2	379
8	M25-4.5	25	3.6	303

グがほとんど生じていないことも凍結融解抵抗性を高めた一因と推測される．

5.1.8 まとめ

中国地方で使用されている代表的な骨材を用いて，高炉スラグ細骨材の混合率が50％の場合について，水セメント比30％と25％の高強度コンクリートの凍結融解抵抗性を水セメント比55％の普通強度のコンクリートと比較した結果，適切な空気が確保されていれば，高炉スラグ細骨材を50％混合した細骨材を用いた高強度コンクリートは，普通強度のコンクリートより優れた凍結融解抵抗性を示すことが確認された．

5.2 全国生コンクリート工業組合連合会（関東一区）との共同実機実験結果の紹介

5.2.1 はじめに

近年，わが国では天然資源の枯渇化や，環境保全に伴う川砂や海砂など天然骨材の採取抑制等の影響から，品質の安定した良質のコンクリート用細骨材の入手が困難となりつつあり，特に首都圏をはじめとする都市部周辺の生コン工場では良質の細骨材の安定調達が喫緊の課題とされている．

天然細骨材の代替としては，これらの状況や環境配慮面も考慮し，近年では産業副産物である各種スラグ骨材や再生骨材等が相次いで規格化され，JIS A 5308（レディーミクストコンクリート）や関連学協会の規格・基準類でも徐々に各種用途への適用が認められつつある．

特に，歴史の古い高炉スラグ細骨材については，他のスラグ骨材類に先立って1981年に日本工業規格（JIS）が制定され，JIS A 5308においても，以前から普通コンクリートおよび高強度コンクリートへの適用が認められている．その一方で，JASS 5や「高強度コンクリート施工指針（案）・同解説」等においては，「高炉スラグ細骨材については高強度コンクリートへの適用実績が乏しい」ことなどを理由として，これまで高強度コンクリートへの適用が原則として認められていなかったため，都市部の生コン工場では普通コンクリートと高強度コンクリートでの細骨材の使い分けや，細骨材の多品種化などに伴う品質管理の煩雑化などが敬遠されたこともあり，現実的には高炉スラグ細骨材の普及はかなり限定的な状況に留まっている．

また，これら基準類の制約など普及阻害要因もあり，高炉スラグ細骨材を用いた高強度コンクリートの特性に関しての研究報告は少なく，特に実機規模での季節的要因等も勘案した研究報告に関しては極めて少数に留まり，普及に向けてのデータ蓄積も不十分と言わざるを得ない状況にあった．

このため，鐵鋼スラグ協会と全国生コンクリート工業組合連合会（関東一区）が共同で，高強度コンクリートへの高炉スラグ細骨材の適用拡大を目指し，首都圏の大型生コン工場の実機プラントにおいて，建築物の模擬部材での温度変化や構造体強度の推移等も含む3シーズンに及ぶ系統的な実機試験を実施し，フレッシュコンクリートや硬化コンクリートとしての性能を総合的に検証したので，以下にその概要を報告する．

5.2.2 実験概要

(1) 使用材料

実験に使用した材料を表5.7に示す．なお，細骨材は表5.8に示すように2種類の高炉スラグ細

表5.7 使用材料

材料区分	記号	種類	概要
セメント	C	中庸熱ポルトランドセメント	密度 3.21 g/cm³
水	W	東京都上水道水	—
細骨材	S1	山砂	千葉県万田野産 標準期：表乾密度 2.59 g/cm³，粗粒率 1.93 冬　期：表乾密度 2.60 g/cm³，粗粒率 2.04 夏　期：表乾密度 2.59 g/cm³，粗粒率 2.11
	S2	混合砂	千葉県万田野産山砂(70%)＋大分県戸高産砕砂(30%) 標準期：表乾密度 2.61 g/cm³，粗粒率 2.62 冬　期：表乾密度 2.62 g/cm³，粗粒率 2.66 夏　期：表乾密度 2.60 g/cm³，粗粒率 2.64
	BFS1	高炉スラグ1	標準期：表乾密度 2.69 g/cm³，粗粒率 3.34 冬　期：表乾密度 2.68 g/cm³，粗粒率 3.32 夏　期：表乾密度 2.70 g/cm³，粗粒率 3.26
	BFS2	高炉スラグ2	標準期：表乾密度 2.66 g/cm³，粗粒率 2.73 冬　期：表乾密度 2.65 g/cm³，粗粒率 2.72 夏　期：表乾密度 2.68 g/cm³，粗粒率 2.66
粗骨材	G	砕石2005	北海道峩朗産 標準期：表乾密度 2.70 g/cm³，実積率 60.7% 冬　期：表乾密度 2.71 g/cm³，実積率 60.6% 夏　期：表乾密度 2.70 g/cm³，実積率 61.3%
混和剤	SP	高性能AE減水剤	ポリカルボン酸エーテル系

表5.8 細骨材の組合せ

材料区分	記号	混合割合	概要
細骨材	BF①	山砂（70%） ＋高炉スラグ1（30%）	標準期：表乾密度 2.62 g/cm³，粗粒率 2.36 冬　期：表乾密度 2.62 g/cm³，粗粒率 2.42 夏　期：表乾密度 2.62 g/cm³，粗粒率 2.46
	BF②	混合砂（70%） ＋高炉スラグ2（30%）	標準期：表乾密度 2.62 g/cm³，粗粒率 2.66 冬　期：表乾密度 2.63 g/cm³，粗粒率 2.68 夏　期：表乾密度 2.62 g/cm³，粗粒率 2.64
	N	混合砂（100%）	標準期：表乾密度 2.62 g/cm³，粗粒率 2.66

［注］括弧内は質量割合

骨材を普通骨材（山砂，混合砂）と混合したもの，および普通骨材（混合砂）のみを使用とした．
（2）練混ぜ方法

練混ぜは5m³二軸強制練りミキサーを用い，3m³の練混ぜを行った．練混ぜ方法を表5.9に示す．

表 5.9　練混ぜ方法

W/C　30, 31%	モルタル練混ぜ 60 秒⇒粗骨材投入後練混ぜ 60 秒⇒アジテータ車で 5 分間低速撹拌※後，試験実施
W/C　25%	モルタル練混ぜ 150 秒⇒粗骨材投入後練混ぜ 90 秒⇒アジテータ車で 5 分間低速撹拌※後，試験実施

[注] ※アジテータ車での 5 分間の低速撹拌は，高性能 AE 減水剤の効果を安定させるために行った

(3) 実験の要因と水準

　実験の要因と水準を表 5.10，測定項目および試験方法を表 5.11 に示す．高炉スラグ細骨材を使用したコンクリートと比較するため，実機試験を行った生コン工場で通常使用している普通細骨材を使用した類似の調合のコンクリートの試験結果についても，参考データとして記載した．

表 5.10　実験の要因と水準

要　因	水　準	
	高炉スラグ細骨材使用	普通細骨材使用（参考）
試験時期	夏期，標準期，冬期	標準期
セメントの種類	中庸熱ポルトランドセメント	
細骨材の種類	BF ①　　　　　BF ②	N
水セメント比（％）	25, 30　　　　　30	31

表 5.11　測定項目および試験方法

分　類	試　験　項　目	試　験　方　法	
フレッシュ性状	スランプフロー	JIS A 1150	練上がり時および所定時間経過後に試験を実施
	空気量	JIS A 1128	
	コンクリート温度	JIS A 1156	
	単位容積質量	JIS A 1116	練上がり時に試験を実施
	ブリーディング	JIS A 1123	
	塩化物含有量（ソルメイト）	JASS 5T-502	
硬化性状	圧縮強度（標準養生供試体，簡易断熱養生供試体）	JIS A 1108	練上がり 60 分後に供試体採取 材齢：7, 28, 56, 91 日
	静弾性係数（標準養生供試体）	JIS A 1149	
	圧縮強度（模擬構造体のコア供試体）	JIS A 1108	練上がり 60 分後に模擬構造体打込み 材齢：28, 56, 91 日
	長さ変化率	JIS A 1129-3	練上がり 60 分後に供試体採取

(4) コンクリートの調合

コンクリートの調合を表5.12に示す．高炉スラグ細骨材を使用した場合の混合率は，質量比で普通骨材（70）：高炉スラグ細骨材（30）とした．

表5.12 コンクリートの調合

記号*	W/C (%)	空気量 (%)	スランプフロー (cm)	単位量 (kg/m³)					高性能AE減水剤の使用量
				水	セメント	普通細骨材	高炉スラグ細骨材	粗骨材	
BF①-30	30	4.5±1.0	―	175	583	503	225	867	所定のスランプフローが得られるように決定
BF①-25	25		60±10	175	700	437	195	867	
BF②-30	30		―	175	583	507	221	867	
N―31(参考)	31	3.0±1.5	55±10	170	549	804	―	867	

［注］＊細骨材の種類―水セメント比（％）

(5) 模擬構造体

模擬構造体の概要およびコア採取位置を図5.3に示す．部材側面は12 mmの型枠用合板，部材上下部は厚さ200 mmの断熱用発泡スチロールとした．温度測定位置は中心部と端部の2点とし，温度測定期間はコンクリート温度と外気温度がほぼ一致するまでとした．

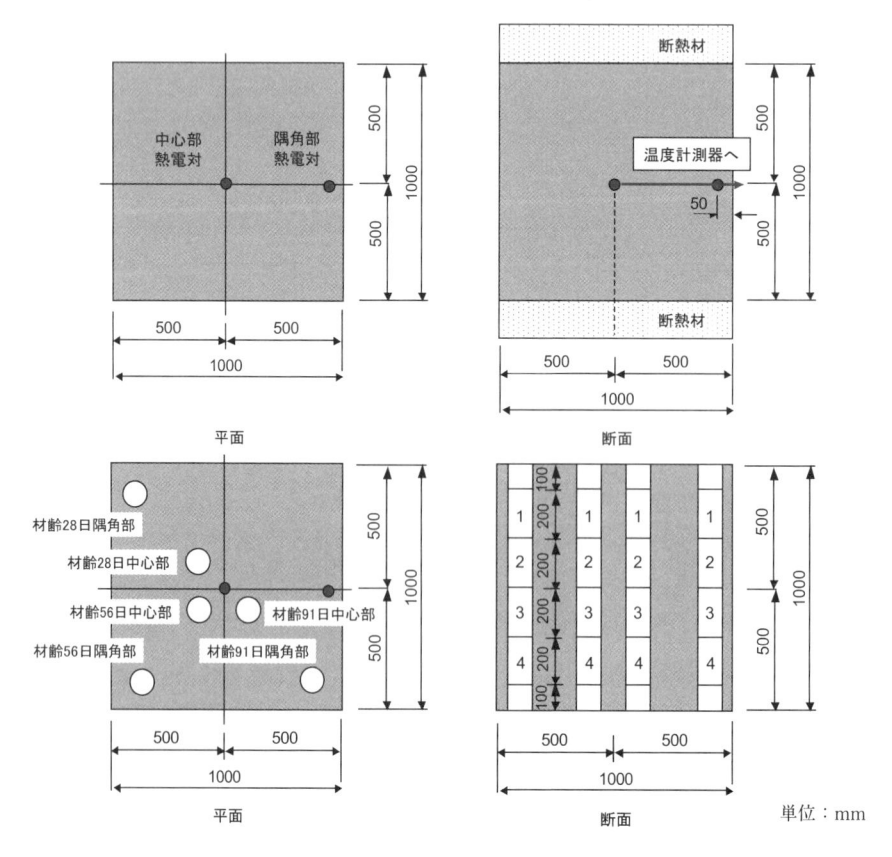

図 5.3 模擬構造体の概要およびコア採取位置

（6） 簡易断熱養生

簡易断熱養生槽の概要を図5.4に示す．各調合13本の供試体を採取し，上面はラップとテープで覆い，所定の材齢まで養生した．なお，圧縮試験には，温度計測したものを除く供試体12本をそれぞれの材齢で用いた．

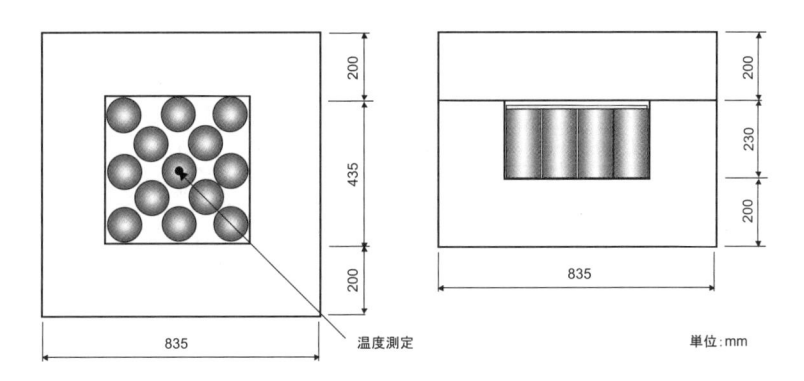

図 5.4 簡易断熱養生槽の概要

5.2.3 実験結果

（1） フレッシュコンクリート

フレッシュコンクリートの試験結果を表5.13に示す．

1） スランプフローおよび空気量

スランプフローおよび空気量は，高炉スラグ細骨材使用の有無に関わらず，すべての調合において練上がり直後から所定の測定時間まで管理値を満足した．また，いずれも材料分離は見られず，良好なワーカビリティーであった．

2） ブリーディング率

ブリーディング率は，すべての調合において0.0％となった．

3） 塩化物含有量

高炉スラグ細骨材を使用したコンクリートの塩化物イオン含有量は$0.03〜0.09 \text{ kg/m}^3$となり，普通細骨材を使用したコンクリートの0.05 kg/m^3と同程度となった．

（2） コンクリート温度

模擬構造体および簡易断熱養生におけるコンクリートの温度上昇量を表5.14および図5.5に示す．同じ水セメント比で比較した場合，すべての時期において，高炉スラグ細骨材の種類による温度上昇量の差はほとんど認められない．

標準期においては，普通細骨材を全量使用したコンクリートは単位セメント量がやや少ないため，高炉スラグ細骨材を使用したコンクリートと比べて，模擬構造体中心部および簡易断熱の温度上昇量が若干低い結果となった．

（3） 強度性状

コンクリートの強度試験結果を表5.15および図5.6に示す．なお，表中の圧縮強度の値は，模擬構造体は8本（中心部4本，隅角部4本）の供試体の平均値，その他は全て3本の供試体の平均

表5.13 フレッシュコンクリートの試験結果

時期	調合記号	練上がり経過時間(分)	スランプフロー フロー値 (cm) 1	2	平均	フロー時間(秒) 50 cm	停止	空気量(%)	コンクリート温度(℃)	ブリーディング率(%)	単位容積質量(t/m³)	塩化物含有量(kg/m³)
標準期	BF①-30	0	65.0	63.0	64.0	5.1	33.9	3.5	19.0	0.0	2.387	0.03
		30	65.0	62.0	63.5	5.4	45.1	3.5	19.0	—	—	—
		60	61.0	59.5	60.5	5.8	39.1	4.7	19.0	—	—	—
	BF①-25	0	69.0	69.0	69.0	6.1	49.2	3.6	21.0	0.0	2.421	0.03
		30	67.0	66.5	67.0	7.6	47.0	3.7	21.0	—	—	—
		60	62.5	61.0	62.0	4.6	29.1	4.2	19.0	—	—	—
	BF②-30	0	62.0	61.5	62.0	4.1	29.7	3.6	20.0	0.0	2.397	0.04
		30	62.0	61.0	61.5	4.5	32.0	3.6	20.0	—	—	—
		60	63.5	62.5	63.0	4.8	39.6	4.7	19.0	—	—	—
夏期	BF①-30	0	66.0	66.0	66.0	4.8	24.8	5.2	30.0	0.0	2.321	0.04
		30	66.0	66.0	66.0	5.1	25.2	4.8	31.0	—	—	—
		60	67.0	66.5	67.0	4.9	47.2	4.7	31.5	—	—	—
	BF①-25	0	62.0	62.0	62.0	6.8	21.9	4.7	31.0	0.0	2.364	0.05
		30	62.0	62.0	62.0	5.5	23.8	4.8	32.0	—	—	—
		60	60.0	59.5	60.0	6.7	32.5	4.4	32.0	—	—	—
	BF②-30	0	65.0	64.0	64.5	5.1	22.5	5.6	31.0	0.0	2.304	0.04
		30	62.0	62.0	62.0	6.1	21.9	4.7	32.0	—	—	—
		60	62.0	61.5	62.0	5.2	30.0	4.6	32.0	—	—	—
冬期	BF①-30	0	59.0	56.0	57.5	6.3	15.9	5.0	15.0	0.0	2.347	0.04
		30	58.0	57.0	57.5	5.8	16.6	4.9	14.0	—	—	—
		60	58.0	57.5	58.0	5.6	15.8	5.4	14.0	—	—	—
	BF①-25	0	63.0	62.0	62.5	7.6	29.1	3.9	14.0	0.0	2.397	0.09
		30	65.0	63.0	64.0	6.4	37.7	4.0	14.0	—	—	—
		60	62.5	62.0	62.5	7.0	33.7	4.5	15.0	—	—	—
	BF②-30	0	68.0	67.0	67.5	5.1	31.2	3.8	14.0	0.0	2.375	0.07
		30	69.0	67.0	68.0	5.4	35.0	3.9	14.0	—	—	—
		60	66.0	65.0	65.5	5.8	40.2	4.4	16.0	—	—	—
標準期	N-31(参考)	0	55.6	55.6	55.5	4.9	19.1	4.0	17.0	0.0	2.372	0.05
		60	60.0	59.7	60.0	5.0	21.1	4.0	19.0	—	—	—
		90	53.5	51.1	52.5	9.2	22.3	2.1	19.0	—	—	—
		120	53.1	52.9	53.0	5.8	16.7	2.8	19.0	—	—	—

値である.

コンクリートの圧縮強度は,同一の水セメント比で比較した場合,高炉スラグ細骨材の種類に関わらずほぼ同程度となった.また,標準期において,高炉スラグ細骨材を使用したコンクリートは,普通細骨材を全量使用したコンクリートと比べて28日強度はやや高い値となったが,91日強度は同程度となった.

5. 高炉スラグ細骨材を使用した高強度コンクリートの実験結果の紹介

表5.14 模擬構造体および簡易断熱養生コンクリートの温度上昇量

調合記号	計測部位	温度上昇量（℃）		
		標準期	夏期	冬期
BF①-30	模擬体端部	26.4	34.7	26.2
	模擬体中心部	44.3	54.0	44.7
	簡易断熱	43.4	40.2	41.5
BF①-25	模擬体端部	34.4	42.2	32.1
	模擬体中心部	54.6	62.2	52.0
	簡易断熱	51.4	48.9	47.2
BF②-30	模擬体端部	27.9	35.8	25.0
	模擬体中心部	47.1	53.5	42.9
	簡易断熱	44.3	43.1	40.5
N-31（参考）	模擬体端部	30.1	—	—
	模擬体中心部	41.5	—	—
	簡易断熱	37.9	—	—

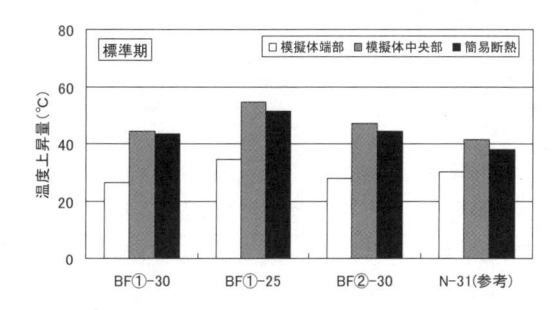

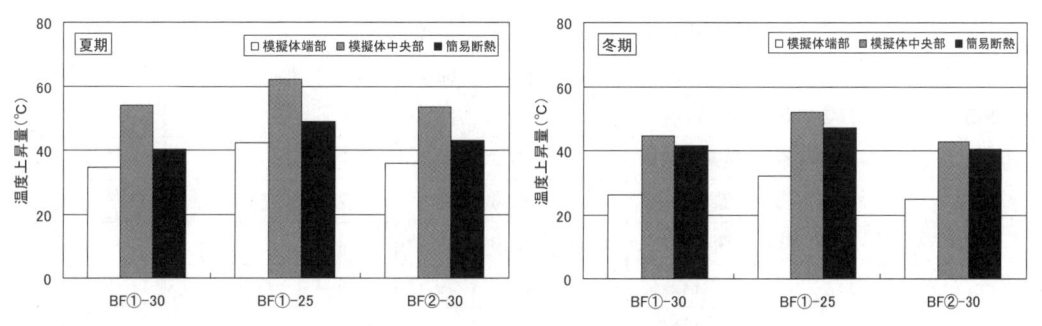

図 5.5 コンクリートの最高温度

表5.15 コンクリートの強度試験結果

時期	調合記号	W/C (%)	養生条件	圧縮強度 (N/mm²)				静弾性係数 (kN/mm²)			
				材齢 (日)				材齢 (日)			
				7	28	56	91	7	28	56	91
標準期	BF①-30	30	標準養生	59.6	83.0	88.0	90.6	36.6	40.5	42.1	45.0
			簡易断熱	68.2	78.2	80.5	82.5	—	—	—	—
			模擬構造体	—	78.4	80.6	81.3	—	—	—	—
	BF①-25	25	標準養生	72.6	96.1	106.8	108.3	40.1	43.7	43.8	47.1
			簡易断熱	86.6	90.8	94.9	97.9	—	—	—	—
			模擬構造体	—	90.2	94.6	95.3	—	—	—	—
	BF②-30	30	標準養生	60.2	85.0	90.9	92.5	37.7	42.9	45.2	46.4
			簡易断熱	67.2	78.7	81.7	83.0	—	—	—	—
			模擬構造体	—	78.8	81.5	82.3	—	—	—	—
夏期	BF①-30	30	標準養生	57.6	80.6	83.4	86.2	36.3	39.5	40.9	42.2
			簡易断熱	63.4	75.9	77.8	79.5	—	—	—	—
			模擬構造体	—	76.0	77.4	78.5	—	—	—	—
	BF①-25	25	標準養生	71.9	94.7	98.1	101.1	39.7	41.3	43.8	45.3
			簡易断熱	78.9	87.4	89.8	92.2	—	—	—	—
			模擬構造体	—	86.9	89.4	91.6	—	—	—	—
	BF②-30	30	標準養生	58.2	83.4	86.8	89.2	36.5	40.5	41.6	43.3
			簡易断熱	63.0	76.9	80.0	83.0	—	—	—	—
			模擬構造体	—	76.8	79.9	82.3	—	—	—	—
冬期	BF①-30	30	標準養生	58.6	78.1	81.8	85.7	36.8	38.2	40.3	41.8
			簡易断熱	64.2	74.5	77.1	80.2	—	—	—	—
			模擬構造体	—	75.5	77.9	80.6	—	—	—	—
	BF①-25	25	標準養生	71.8	95.1	98.5	104.1	39.1	40.0	44.6	44.3
			簡易断熱	79.1	86.3	88.4	92.0	—	—	—	—
			模擬構造体	—	85.9	89.8	93.0	—	—	—	—
	BF②-30	30	標準養生	59.7	85.6	89.1	92.7	37.5	39.5	41.8	43.3
			簡易断熱	65.8	78.0	79.1	83.3	—	—	—	—
			模擬構造体	—	78.7	79.8	83.6	—	—	—	—
標準期	N-31 (参考)	31	標準養生	61.8	85.6	92.1	93.3	—	—	—	—
			簡易断熱	—	78.1	83.7	89.0	—	—	—	—
			模擬構造体	—	74.4	80.7	89.4	—	—	—	—

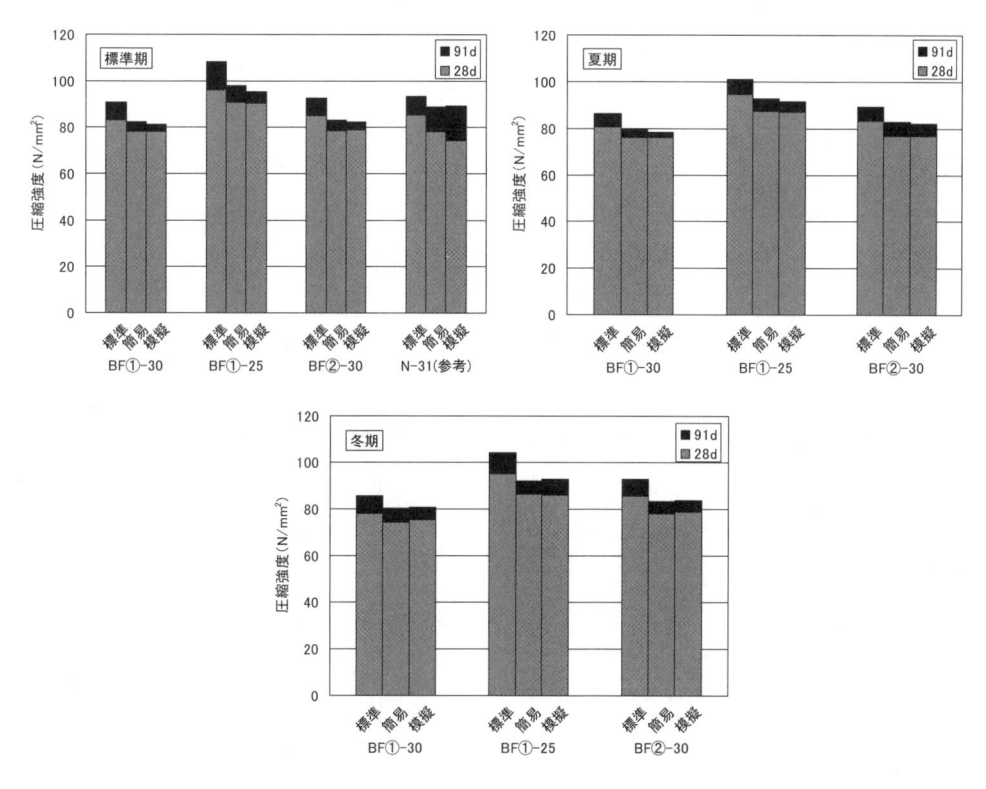

図 5.6 コンクリートの圧縮強度

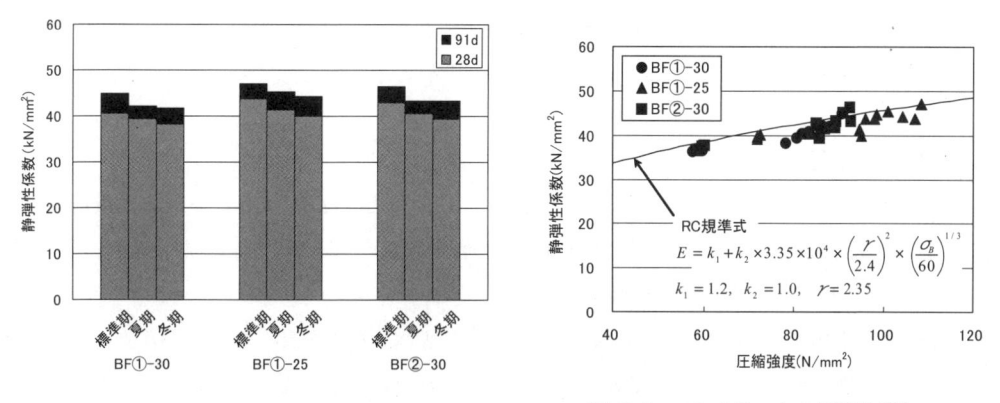

図 5.7 コンクリートの静弾性係数

図 5.8 コンクリートの圧縮強度と静弾性係数の関係

コンクリートの圧縮強度と静弾性係数の関係を図5.7および図5.8に示す.

図中には，本会「鉄筋コンクリート構造計算規準・同解説」による静弾性係数の予測式（以下，RC規準式という）で算出した値を記載した．図5.8より，高炉スラグ細骨材を使用したコンクリートの静弾性係数は，いずれの調合においてもRC規準式付近に位置し，RC規準式によって推定可能であるといえる.

表 5.16 コンクリートの構造体強度補正値

(単位：N/mm^2)

調合記号	$_{28}S_{91}$			$_{56}S_{91}$		
	標準期	夏期	冬期	標準期	夏期	冬期
BF ①-30	1.7	2.1	−2.5	6.7	4.9	1.2
BF ①-25	0.8	3.1	2.1	11.5	6.5	5.5
BF ②-30	2.7	1.1	2.0	8.6	4.5	5.5
N—31（参考）	−3.8	—	—	2.7	—	—

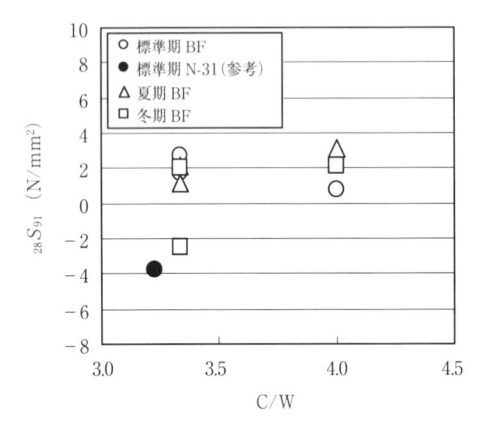

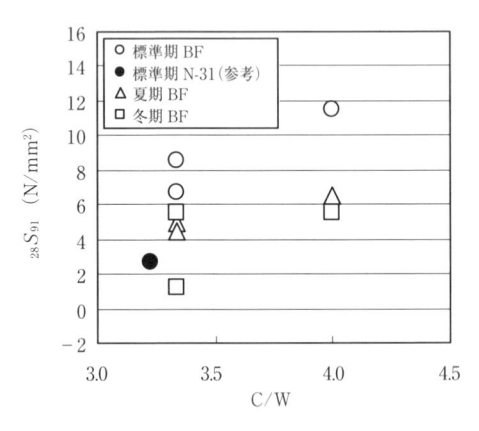

図 5.9 セメント水比（C/W）と構造体強度補正値の関係

(4) 構造体強度補正値

材齢 28 日および 56 日における標準養生供試体の圧縮強度と，材齢 91 日における模擬構造体のコア供試体の圧縮強度の差である構造体強度補正値を表 5.16 に示す．また，セメント水比（C/W）と構造体強度補正値の関係を図 5.9 に示す．

構造体強度補正値の $_{28}S_{91}$ および $_{56}S_{91}$ は，全体的にセメント水比が高くなると大きくなる傾向となり，使用する細骨材の種類によって大きな差は認められない結果となった．

なお，JASS 5 の 17 節に示された中庸熱ポルトランドセメントを使用した高強度コンクリートの構造体強度補正値の標準値は，設計基準強度 $48 < F_c \leqq 60$ の場合，$_{28}S_{91}$ で 5 N/mm^2，$_{56}S_{91}$ で 10 N/mm^2 となっているが，今回の試験結果は，これとほぼ同程度である．

（5） 乾燥収縮

コンクリートの乾燥収縮試験における長さ変化率を図5.10，質量変化率を図5.11に示す．同じ水セメント比の場合，高炉スラグ細骨材の種類に関わらず，長さ変化率および質量変化率は同程度となった．

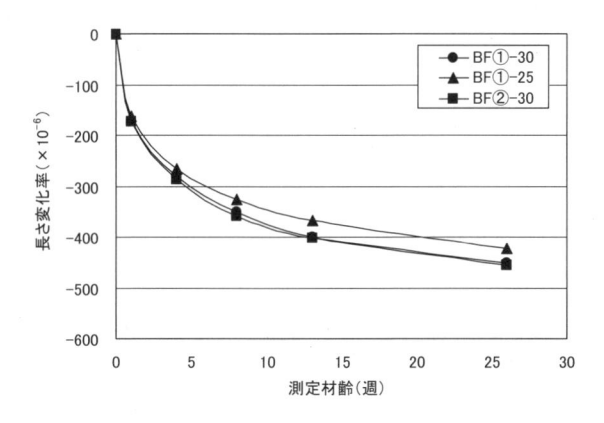

図 5.10 コンクリートの長さ変化率

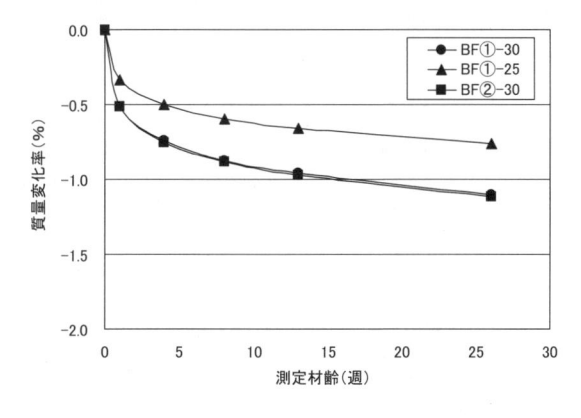

図 5.11 コンクリートの質量変化率

5.2.4 ま と め

高炉スラグ細骨材を使用したコンクリートおよび普通細骨材を全量使用したコンクリートを実機プラントで製造し，各種実験を行った結果，以下の知見が得られた．
（1） 高炉スラグ細骨材を使用したコンクリートのフレッシュ性状および硬化性状は，普通細骨材を全量使用したコンクリートとほぼ同様であった．
（2） 高炉スラグ細骨材を使用したコンクリートについては，高炉スラグ細骨材の種類に関わらず，フレッシュ性状および硬化性状は，ほぼ同様であった．

6. 高炉スラグ細骨材を使用したコンクリートの適用事例

6.1 高炉スラグ細骨材を使用したコンクリートの建築用途への適用例

高炉スラグ細骨材を使用しているレディーミクストコンクリート工場およびプレキャストコンクリート製品工場について，呼び強度の強度値または指定強度[(1)]が 36 N/mm² 以上のコンクリートを対象として，建築用途に出荷した実績を調査した．なお，本調査は，鐵鋼スラグ協会から関連する工場に対するアンケートによる方法とした．

アンケート調査結果の概要を以下に示す．

[注]（1） レディーミクストコンクリート工場に対して指定された強度（標準養生強度）．

6.1.1 レディーミクストコンクリート工場での使用状況

レディーミクストコンクリート工場において，高炉スラグ細骨材を使用した呼び強度の強度値または指定強度が 36 N/mm² 以上のコンクリートの概要を表 6.1 に示す．

表 6.1 によると，高炉スラグ細骨材を使用したコンクリートの建築用途への出荷実績は，2005年から東海，近畿，中国，四国の 4 地区の工場で合計 67 件あり，コンクリートの累積出荷量は約 9 万 m³ に達している．コンクリートの呼び強度の強度値または指定強度は 36～68 N/mm² であり，高炉スラグ細骨材は 20～60% の範囲の混合率で使用されている．また，呼び強度の強度値または指定強度が 45 N/mm² を超える高強度コンクリートは，近畿地区で 4 件，中国地区で 4 件の合計 8 件の出荷実績があり，コンクリート量は合計 4 300 m³ である．

表 6.1 高炉スラグ細骨材を使用したコンクリートの地区別の出荷実績（2005～2011 年）

地　区	呼び強度の強度値または 指定強度の範囲　（N/mm²）	件数	出荷量 （m³）	高炉スラグ細骨材 の混合率　（%）
東海	36～45	11	25 400	30
近畿	36～45	41	49 400	20～40
	46～68	4	2 800	20～40
中国	42～45	5	11 400	40～60
	46～60	4	1 500	60
四国	36～45	2	2 300	23.5～30
合　　計		67	92 800	

地区別にみると東海地区では 11 件（25 400 m³），近畿地区では 45 件（52 200 m³），中国地区では 9 件（12 900 m³），四国地区では 2 件（2 300 m³）である．近畿地区の出荷件数は全出荷件数の 67%，コンクリート量は全出荷量の 56% を占めている．

図6.1は，レディーミクストコンクリート工場から出荷されたコンクリートを強度区分および地区別に整理した図である．図6.1によると，最も強度の高い区分は60 N/mm^{2}であるが，出荷件数の圧倒的に多い区分36〜45 N/mm^{2}は全件数の95％を占め，46 N/mm^{2}以上は全件数の5％と極めて少ない．また，東海・四国地区では45 N/mm^{2}以下が多く，近畿・中国地区では60 N/mm^{2}の出荷実績もある．

高炉スラグ細骨材の混合率は20〜60％の範囲で使用され，砕砂との組合せ，石灰砕砂や加工砂（風化花崗岩を砕いて砂にしたもの）との組合せ例がある．

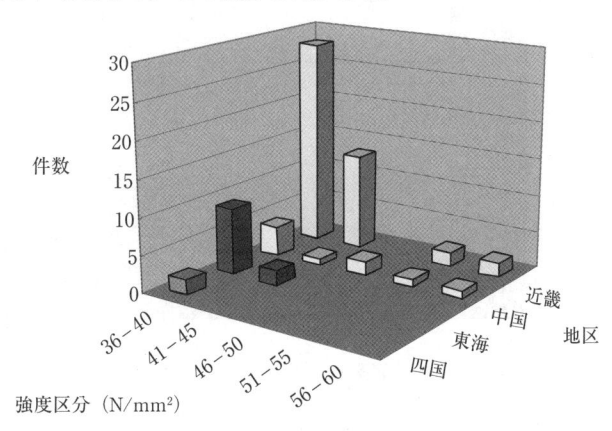

図 6.1 高炉スラグ細骨材を使用したコンクリートの地区別比較

6.1.2 コンクリート製品への適用例

高炉スラグ細骨材の近年の新しい用途として，建築の床材や壁材として使用される空胴プレストレストコンクリートパネルおよびPHC杭が報告されている．

一例として，空胴プレストレストコンクリートパネルの調合例を表6.2に，コンクリートの圧縮強度試験結果を表6.3に，製品の外観を写真6.1に示す．本例は，設計基準強度（F_c）が40 N/mm^2，水結合材比（W/B）が38％，高炉スラグ細骨材の混合率は50％である．混和材料として高炉スラグ微粉末4000（GGBS）がセメント質量に対して40％の置換率で使用されている．また，化学混和剤（Ad）は，AE剤が使用されている．

表6.2 空胴プレストレストコンクリートパネル調合例

F_c (N/mm^2)	スランプ (cm)	空気量 (％)	W/B (％)	S/a (％)	単位量　(kg/m^3)							
					W	C	GGBS	S	BFS	G1	G2	Ad
40	0	5.0	38.0	60	175	276	184	482	512	326	323	0.138

表6.3　コンクリートの圧縮強度試験結果

	保温養生[(2)]	保温 + 気中養生	標準養生
材齢（日）	1	1+9	28
圧縮強度（N/mm²）	36	47	56

［注］（2）　養生温度（℃）×養生時間（hr）が700℃・hrとなる養生方法

写真 6.1　空胴プレストレストコンクリートパネルの外観

なお，同コンクリートパネルは，住宅の品質確保の促進等に関する法律58条第1項の規定による特別評価方法の劣化対策等級3および2の性能が認められている．

6.2　高炉スラグ細骨材を使用したコンクリートの建築用途以外での適用例

高炉スラグ細骨材を使用したコンクリートの建築用途以外での適用例として，RCボックスカルバートが報告されている．また，高炉スラグの新しい特性を生かした用途として，下水道施設向けの耐硫酸性コンクリートへの適用例があるので，その概要を紹介する．

6.2.1　ボックスカルバートへの適用例[1)]

ボックスカルバートに使用したコンクリートの調合例を表6.4に，製品の外観を写真6.2に示す．本例は，設計基準強度（F_c）が40 N/mm²，水結合材比（W/B）が38%，高炉スラグ細骨材の混合率は40%である．混和材料として膨張材（E）がセメント質量に対して5%の置換率で使用されている．また，化学混和剤（Ad）は，高性能AE減水剤が使用されている．

表6.4　ボックスカルバートの調合例

F_c (N/mm²)	スランプ (cm)	空気量 (%)	W/B (%)	S/a (%)	単位量　(kg/m³)							
					W	C	E	S	BFS	G1	G2	Ad
40	10	4.5	37.8	42	168	399	45	464	309	423	635	2.89

写真 6.2　RC ボックスカルバートの外観

6.2.2　耐硫酸性コンクリートへの適用例

　高炉スラグの特性を生かした新しい用途として，耐硫酸性コンクリートが実用化されている．砂の代わりに高炉スラグ細骨材を 100％使用することで，高炉スラグが硫酸と反応して表面に堅固な皮膜を形成し，硫酸に対して高い浸食抵抗性を発揮するのが特徴である．硫酸による腐食速度に基づく性能照査型設計法が可能であることが特徴とされている．

　耐硫酸性コンクリートの調合例を表 6.5 に，圧縮強度試験結果を表 6.6 に，5％硫酸水溶液浸漬後の試験体状況を写真 6.3 に，製品の外観を写真 6.4 に示す．本例は，設計基準強度 (F_c) が 50 N/mm^2，水結合材比 (W/B) が 26％，高炉スラグ細骨材を単独で使用し，高炉スラグ微粉末 4 000 (GGBS) がセメント質量に対して 60％の置換率で使用されている．また，化学混和剤 (Ad) は，高性能減水剤が使用されている．

　なお，本コンクリートは，下水道関連施設への用途のほかに，温泉地帯，海岸地帯での使用も検討されている．

表 6.5　耐硫酸性コンクリートの調合例

F_c (N/mm^2)	スランプフロー (cm)	空気量 (％)	W/B (％)	S/a (％)	単位量 (kg/m^3)					
					W	C	GGBS	BFS	G	Ad
50	60	2.0	26.0	50	160	244	366	849	830	5.20

表 6.6　耐硫酸性コンクリートの圧縮強度試験結果

	蒸気[3] ＋ 気中養生		
材齢 (日)	1	1＋6	1＋13
圧縮強度 (N/mm^2)	29.8	57.6	66.5

[注] (3)　蒸気養生期間は 1 日間

写真 6.3　5％硫酸水溶液浸漬試験の状況

写真 6.4　耐硫酸性コンクリート製品の外観

　参考として，高炉スラグ細骨材を使用した呼び強度が 36 以上（主として）のコンクリートの施工例を地域別に表 6.7〜6.16 に，コンクリート製品への適用例を表 6.17 および表 6.18 に示す．
　なお，本資料は，鐵鋼スラグ協会が関連するレディーミクストコンクリート工場およびプレキャストコンクリート製品工場に対して行ったアンケート調査結果の一部を取りまとめものである．

参 考 文 献
1) 松岡智，川上洵，綾野克紀：プレキャストコンクリート製品に適用する高炉スラグを用いた耐硫酸セメント硬化体の力学特性　材料　Vol. 59, No. 10, pp. 757-762, 2010.10

6. 高炉スラグ細骨材を使用したコンクリートの適用事例 —151—

表 6.7 高炉スラグ細骨材を使用したコンクリートの施工例（東海地区）

No.	構造物の名称	施工年次	所在地	粗骨材の種類	呼び強度	スランプ (cm)	W/C (%)	W (kg/m³)	S/a (%)	高炉スラグ細骨材の品質 粗粒率	絶乾密度 (g/cm³)	吸水率 (%)	混合した細骨材 種類	粗粒率	高炉スラグ細骨材混合率 (%)	セメントの種類	混和剤の種類	コンクリート施工量 (m³)
1	A病院増築工事	2006	知多市	砕石2005	36	18	44.5	170	45.6	2.20	2.72	0.41	山砂 砕砂	2.90 2.85	30	N	高性能AE減水剤	2 500
2	Bマンション新築工事	2007	名古屋市	砕石2005	42	21	40.0	175	47.1	2.20	2.71	0.41	山砂	2.90	30	N	高性能AE減水剤	2 600
3	C住宅建築工事 (15)	2008	東浦町	砕石2005	36	18	44.5	170	45.6	2.20	2.72	0.41	山砂 砕砂	2.90 2.85	30	N	高性能AE減水剤	3 000
4	D病院新築工事	2009	名古屋市	砕石2005 山砂利25	36	15	41.0	158	43.0	2.20	2.71	0.41	山砂	2.90	30	BB	高性能AE減水剤	1 300
5	E中学校耐震改築工事	2009	武豊町	砕石2005	36	18	44.5	170	45.6	2.20	2.72	0.41	山砂 砕砂	2.90 2.85	30	N	高性能AE減水剤	5 600
6	Fマンション新築工事	2010	名古屋市	砕石2005	42	18	38.5	168	46.5	2.23	2.73	0.41	山砂 砕砂	2.84 2.99	30	N	高性能AE減水剤	1 400
7	G	2010	東海市	砕石2005	36	18	43.0	168	45.6	2.23	2.73	0.41	山砂 砕砂	2.84 2.99	30	N	高性能AE減水剤	1 800
8	H新築工事	2010	名古屋市	砕石2005 山砂利25	36	18	43.0	168	45.6	2.20	2.72	0.41	山砂 砕砂	2.85 2.99	30	N	高性能AE減水剤	1 400
9	I住宅建設工事	2010	東海市	砕石2005 山砂利25	36	18	43.0	168	45.6	2.21	2.71	0.41	山砂 砕砂	2.81 2.96	30	N	高性能AE減水剤	1 800
10	Jプロジェクト工事	2011	名古屋市	砕石2005	40	21	44.0	175	47.1	2.20	2.71	0.41	山砂	2.90	30	N	高性能AE減水剤	2 000
11	K小学校新築工事	2011	大阪市	砕石2005 山砂利25	36	18	42.0	165	45.9	2.20	2.71	0.41	山砂	2.90	30	N	高性能AE減水剤	2 000
													東海地区合計				36N以上	25 400

付録Ⅱ 高炉スラグ細骨材に関する技術資料

表 6.8 高炉スラグ細骨材を使用したコンクリートの施工例（近畿地区 1/5）

No.	構造物の名称	施工年次	所在地	粗骨材の種類	呼び強度指定強度	スランプ(cm)	W/C(%)	W(kg/m³)	S/a(%)	高炉スラグ細骨材 粗粒率	高炉スラグ細骨材 絶乾密度(g/cm³)	高炉スラグ細骨材 吸水率(%)	混合した細骨材 種類	混合した細骨材 粗粒率	高炉スラグ細骨材混合率(%)	セメントの種類	混和剤の種類	コンクリート施工量(m³)
1	A 新築工事	2009	大阪市	砕石2005	53	50*	36	175	47.6	2.50	2.78	0.50	砕砂	2.90	30	N	高性能AE減水剤	680
				砕石2005	55	50*	35	175	47.2	2.50	2.78	0.50	砕砂	2.90	30	N	高性能AE減水剤	49
				砕石・高炉	42	21	W/B35	185	45.4	2.50	2.78	0.50	砕砂	2.90	40	N	高性能AE減水剤	343
				砕石・高炉	45	21	W/B33	185	44.0	2.50	2.78	0.50	砕砂	2.90	40	N	高性能AE減水剤	726
				BFG2005	39	21	W/B37	185	48.2	2.50	2.78	0.50	砕砂	2.90	40	N	高性能AE減水剤	836
2	B マンション南棟新築工事	2010	大阪市	BFG2005	39	15	W/B37	175	44.1	2.50	2.78	0.50	砕砂	2.90	40	N	高性能AE減水剤	1 079
				BFG2005	39	18	W/B37	180	45.8	2.50	2.78	0.50	砕砂	2.90	40	N	高性能AE減水剤	3 429
				BFG2005	42	18	38	185	44.2	2.50	2.78	0.50	砕砂	2.90	40	N	高性能AE減水剤	331
3	C 新築工事	2010	大阪市	BFG2005	42	15	W/B35	175	43.2	2.50	2.78	0.50	砕砂	2.90	40	N	高性能AE減水剤	289
				BFG2005	45	21	W/B33	185	44.0	2.50	2.78	0.50	砕砂	2.90	40	N	高性能AE減水剤	1 122
				BFG2005	42	21	W/B35	185	45.5	2.50	2.78	0.50	砕砂	2.90	40	N	高性能AE減水剤	246
				BFG2005	40	21	W/B36	185	45.8	2.50	2.78	0.50	砕砂	2.90	40	N	高性能AE減水剤	121
				砕石・高炉	55	50	W/B34	175	46.0	2.50	2.78	0.50	砕砂	2.90	40	N	高性能AE減水剤	246
4	D	2010	大阪市	砕石・高炉	39	21	W/B37	185	46.3	2.50	2.78	0.50	砕砂	2.90	40	N	高性能AE減水剤	866
5	E 新築工事	2010	大阪市	BFG2005	40	21	W/B36	185	47.7	2.50	2.78	0.50	砕砂	2.90	40	N	高性能AE減水剤	203
6	F 新築工事	2011	大阪市	BFG2005	40	18	W/B36	180	45.2	2.50	2.78	0.50	砕砂	2.90	40	N	高性能AE減水剤	391
				BFG2005	40	21	W/B36	185	47.7	2.50	2.73	0.50	砕砂	2.90	40	N	高性能AE減水剤	318
				BFG2005	42	21	W/B35	185	47.1	2.50	2.73	0.50	砕砂	2.90	40	N	高性能AE減水剤	297

[注] ＊スランプフロー（cm）

表 6.9 高炉スラグ細骨材を使用したコンクリートの施工例（近畿地区 2/5）

No.	構造物の名称	施工年次	所在地	細骨材の種類	呼び強度指定強度	スランプ (cm)	W/C (%)	W (kg/m³)	S/a (%)	高炉スラグ細骨材 粗粒率	高炉スラグ細骨材 絶乾密度 (g/cm³)	高炉スラグ細骨材 吸水率 (%)	混合した細骨材 種類	混合した細骨材 粗粒率	高炉スラグ細骨材混合率 (%)	セメントの種類	混和剤の種類	コンクリート施工量 (m³)
7	G 新築工事	2011	大阪市	砕石 2005	40	18	40	180	45.0	2.50	2.73	0.50	砕砂	2.90	40	N	高性能AE減水剤	418
8	県営 H 住宅	2009	伊丹市	砕石 2005	40	21	40	185	47.6	2.50	2.73	0.50	砕砂	2.90	40	N	高性能AE減水剤	740
			伊丹市	砕石 2005	40	15	40	175	43.5	2.48	2.76	0.46	砕砂	2.80	30	N	高性能AE減水剤	500
9	I 新築工事	2009	伊丹市	砕石 2005	42	18	38	180	44.2	2.48	2.76	0.46	砕砂	2.80	30	N	高性能AE減水剤	2 000
			伊丹市	砕石 2005	40	15	40	175	43.5	2.48	2.76	0.46	砕砂	2.80	30	N	高性能AE減水剤	500
10	J 団地建設	2010	伊丹市	砕石 2005	42	21	38	185	46.6	2.48	2.76	0.46	砕砂	2.80	30	N	高性能AE減水剤	1000
				砕石 2005	40	15	40	175	43.5	2.48	2.76	0.46	砕砂	2.80	30	N	高性能AE減水剤	300
11	K 団地第 1 期建設	2010~2011	宝塚市	砕石 2005	45	15	36	175	41.7	2.48	2.76	0.46	砕砂	2.80	30	N	高性能AE減水剤	500
				砕石 2005	42	18	38	180	44.2	2.48	2.76	0.46	砕砂	2.80	30	N	高性能AE減水剤	1 500
				砕石 2005	40	18	40	180	45.0	2.48	2.76	0.46	砕砂	2.80	30	N	高性能AE減水剤	2 000
12	L 新築工事	2011	西宮市	砕石 2005	40	21	40	185	47.4	2.48	2.76	0.46	砕砂	2.80	30	N	高性能AE減水剤	500
13	M 新築工事	2011	吹田市	砕石 2005	40	18	40	180	45.0	2.48	2.76	0.46	砕砂	2.80	30	N	高性能AE減水剤	500
14	県営 N 住 II	2011	伊丹市	砕石 2005	40	18	40	180	45.0	2.48	2.76	0.46	砕砂	2.80	30	N	高性能AE減水剤	500
				砕石 2005	42	18	38	180	44.2	2.48	2.76	0.46	砕砂	2.80	30	N	高性能AE減水剤	600
				砕石 2005	45	18	36	180	43.3	2.48	2.76	0.46	砕砂	2.80	30	N	高性能AE減水剤	600
15	O	2011	伊丹市	砕石 2005	40	15	40	175	43.5	2.48	2.76	0.46	砕砂	2.80	30	N	高性能AE減水剤	500
16	P 集合住宅	2011	伊丹市	砕石 2005	42	21	38	185	46.6	2.48	2.76	0.46	砕砂	2.80	30	N	高性能AE減水剤	500
				砕石 2005	39	15	41	175	43.9	2.48	2.76	0.46	砕砂	2.80	30	N	高性能AE減水剤	1500
17	Q	2010	西宮市	砕石 2005	40	18	40	180	45.0	2.48	2.76	0.46	砕砂	2.80	30	N	高性能AE減水剤	1000

付録Ⅱ　高炉スラグ細骨材に関する技術資料

表 6.10　高炉スラグ細骨材を使用したコンクリートの施工例（近畿地区 3/5）

No.	構造物の名称	施工年次	所在地	粗骨材の種類	呼び強度指定強度	スランプ (cm)	W/C (%)	W (kg/m³)	S/a (%)	高炉スラグ細骨材の品質 粗粒率	絶乾密度 (g/cm³)	吸水率 (%)	混合した細骨材 種類	粗粒率	高炉スラグ細骨材混合率 (%)	セメントの種類	混和剤の種類	コンクリート施工量 (m³)
18	R 計画	2008	吹田市	砕石 2005	42	21	38	185	46.6	2.48	2.76	0.46	砕砂	2.90	30	N	高性能AE減水剤	1 000
				砕石 2005	39	21	41	185	47.8	2.48	2.76	0.46	砕砂	2.90	30	N	高性能AE減水剤	3 000
				砕石 2005	40	21	40	185	47.4	2.48	2.76	0.46	砕砂	2.80	30	N	高性能AE減水剤	
				砕石 2005	42	21	38	185	46.6	2.48	2.76	0.46	砕砂	2.80	30	N	高性能AE減水剤	
				砕石 2005	45	21	36	185	45.6	2.48	2.76	0.46	砕砂	2.80	30	N	高性能AE減水剤	
19	S 空港新築工事	2007	池田市	砕石 2005	55	50*	33	175	48.2	2.48	2.76	0.46	砕砂	2.80	30	N	高性能AE減水剤	1 500
				砕石 2005	55	60*	33	175	49.1	2.48	2.76	0.46	砕砂	2.80	30	N	高性能AE減水剤	
				砕石 2005	60	60*	31	175	48.2	2.48	2.76	0.46	砕砂	2.80	30	N	高性能AE減水剤	
20	T 街区新築工事	2009	摂津市	砕石 2005	51	45*	35	175	49.9	2.45	2.75	0.51	砕砂	2.75	20	N	高性能AE減水剤	14
				砕石 2005	55	55*	32	175	48.7	2.45	2.75	0.51	砕砂	2.75	20	N	高性能AE減水剤	59
				砕石 2005	62	60*	29	175	48.2	2.45	2.75	0.51	砕砂	2.75	20	N	高性能AE減水剤	117
				砕石 2005	68	60*	27	175	48.0	2.45	2.75	0.51	砕砂	2.75	20	N	高性能AE減水剤	5
				砕石 2005	42	21	38	185	45.6	2.45	2.75	0.51	砕砂	2.75	20	N	高性能AE減水剤	190
				砕石 2005	57	45*	38	175	50.8	2.45	2.75	0.51	砕砂	2.75	20	N	高性能AE減水剤	110
21	U 団地住宅建替事業	2010	吹田市	砕石 2005	42	21	38	185	45.6	2.45	2.75	0.51	砕砂	2.75	20	N	高性能AE減水剤	1 287
				砕石 2005	45	21	36	185	44.6	2.45	2.75	0.51	砕砂	2.75	20	N	高性能AE減水剤	932
22	V 公共公益施設整備事業	2011	吹田市	砕石 2005	42	15	40	175	42.1	2.45	2.75	0.51	砕砂	2.75	20	BB	高性能AE減水剤	1 103
23	W 2 団地住宅建替事業	2011	吹田市	砕石 2005	42	21	38	185	45.6	2.45	2.75	0.51	砕砂	2.75	20	N	高性能AE減水剤	1 745
				砕石 2005	45	21	36	185	44.6	2.45	2.75	0.51	砕砂	2.75	20	N	高性能AE減水剤	858

［注］＊スランプフロー（cm）

6. 高炉スラグ細骨材を使用したコンクリートの適用事例　—155—

表 6.11 高炉スラグ細骨材を使用したコンクリートの施工例（近畿地区 4/5）

No.	構造物の名称	施工年次	所在地	粗骨材の種類	呼び強度指定強度	スランプ (cm)	W/C (%)	W (kg/m³)	S/a (%)	高炉スラグ細骨材の品質 粗粒率	絶乾密度 (g/cm³)	吸水率 (%)	混合した細骨材 種類	粗粒率	高炉スラグ細骨材混合率 (%)	セメントの種類	混和剤の種類	コンクリート施工量 (m³)
24	X 集合住宅	2011	西宮市	石灰 2010 石灰 1505	42	18	38	180	42.2	2.59	2.82	0.32	石灰砕砕砂	3.00 2.80	20	N	高性能AE減水剤	1 150
				石灰 2010 石灰 1505	40	18	40	180	44.9	2.59	2.82	0.32	石灰砕砕砂	3.00 2.80	20	N	高性能AE減水剤	290
				石灰 2010 石灰 1505	27	18	54	180	49.8	2.59	2.82	0.46	石灰砕砕砂	3.00 2.80	20	BB	高性能AE減水剤	(1 500)
25	Y 新築計画	2011	西宮市	石灰 2010 石灰 1505	40	18	40	180	51.1	2.59	2.82	0.32	石灰砕砕砂	3.02 2.80	20	N	高性能AE減水剤	90
				石灰 2010 石灰 1505	30	18	50	180	51.1	2.59	2.84	0.26	石灰砕砕砂	3.02 2.80	20	N	高性能AE減水剤	(1 500)
26	Z	2011	大阪市	石灰 2010 石灰 1505	36	15	44	175	45.3	2.59	2.84	0.26	石灰砕砕砂	3.02 2.80	20	N	高性能AE減水剤	
				石灰 2010 石灰 1505	36	18	44	180	46.4	2.50	2.83	0.28	石灰砕砕砂	3.02 2.80	20	BB	高性能AE減水剤	1 200
27	AA 団地第 1 期 2BL	2011	西宮市	石灰 2010 石灰 1505	40	21	40	185	47.8	2.59	2.84	0.35	石灰砕砕砂	3.02 2.80	20	N	高性能AE減水剤	200
				石灰 2010 石灰 1505	36	21	44	185	49.5	2.59	2.84	0.35	石灰砕砕砂	3.02 2.80	20	N	高性能AE減水剤	
				石灰 2010 石灰 1505	30	18	50	180	51.1	2.59	2.84	0.26	石灰砕砕砂	3.02 2.80	20	N	高性能AE減水剤	(3 000)
28	AB 倉庫第 2 期	2011	大阪市	石灰 2010 石灰 1505	27	18	54	180	49.2	2.59	2.83	0.41	石灰砕砕砂	3.00 2.80	20	BB	高性能AE減水剤	(800)
29	AC 技術研究所	2010	尼崎市	石灰 2010 石灰 1505	36	15	44	175	45.3	2.61	2.84	0.37	石灰砕砕砂	2.98 2.81	20	N	高性能AE減水剤	620
30	AD 分譲住宅	2010	西宮市	石灰 2010 石灰 1505	40	18	40	180	44.9	2.65	2.84	0.31	石灰砕砕砂	2.98 2.81	20	N	高性能AE減水剤	490
				石灰 2010 石灰 1505	40	15	40	175	43.8	2.65	2.84	0.31	石灰砕砕砂	2.98 2.81	20	N	高性能AE減水剤	450
				石灰 2010 石灰 1505	36	18	44	180	46.4	2.65	2.84	0.31	石灰砕砕砂	2.98 2.81	20	N	高性能AE減水剤	230
31	AE	2010	尼崎市	石灰 2010 石灰 1505	36	21	44	185	49.5	2.64	2.83	0.35	石灰砕砕砂	2.98 2.81	20	N	高性能AE減水剤	10
32	AF	2009	尼崎市	石灰 2010 石灰 1505	36	18	44	180	46.4	2.51	2.83	0.29	石灰砕砕砂	2.99 2.78	20	N	高性能AE減水剤	410
33	AG 賃貸住宅	2009	尼崎市	石灰 2010 石灰 1505	40	18	40	180	44.9	2.53	2.83	0.33	石灰砕砕砂	2.99 2.78	20	N	高性能AE減水剤	140
			尼崎市	石灰 2010 石灰 1505	40	15	40	175	43.8	2.51	2.83	0.29	石灰砕砕砂	2.99 2.78	20	N	高性能AE減水剤	70
34	AH ビル	2009	尼崎市	石灰 2010 石灰 1505	36	21	44	185	49.5	2.65	2.83	0.78	石灰砕砕砂	2.99 2.78	20	N	高性能AE減水剤	125

付録Ⅱ 高炉スラグ細骨材に関する技術資料

表 6.12 高炉スラグ細骨材を使用したコンクリートの施工例（近畿地区 5/5）

No.	構造物の名称	施工年次	所在地	粗骨材の種類	呼び強度 指定強度	調合 スランプ (cm)	W/C (%)	W (kg/m³)	S/a (%)	高炉スラグ細骨材の品質 粗粒率	絶乾密度 (g/cm³)	吸水率 (%)	混合した細骨材 種類	粗粒率	高炉スラグ細骨材混合率 (%)	セメントの種類	混和剤の種類	コンクリート施工量 (m³)
35	AI 計画	2008~2009	大阪市	石灰 2010 石灰 1505	40	21	40	185	47.8	2.65	2.83	0.78	石灰砕砂 砕砂	2.99 2.78	20	N	高性能AE減水剤	180
36	AJ 隷場リニューアル	2007~2008	西宮市	石灰 2010 石灰 1505	36	21	44	185	49.5	2.57	2.84	0.23	石灰砕砂 砕砂	3.03 2.82	20	N	高性能AE減水剤	260
				石灰 2010 石灰 1505	36	15	44	175	45.3	2.61	2.84	0.44	石灰砕砂 砕砂	3.03 2.82	20	N	高性能AE減水剤	150
				石灰 2010 石灰 1505	40	21	40	185	47.8	2.64	2.83	0.52	石灰砕砂 砕砂	3.03 2.82	20	N	高性能AE減水剤	110
37	AK 計画	2008	尼崎市	石灰 2010 石灰 1505	36	18	44	180	46.4	2.63	2.83	0.52	石灰砕砂 砕砂	3.03 2.82	20	N	高性能AE減水剤	620
38	AL 公園跡地計画	2008	尼崎市	石灰 2010 石灰 1505	36	21	44	185	49.5	2.63	2.83	0.62	石灰砕砂 砕砂	3.03 2.82	20	N	高性能AE減水剤	420
39	AM	2007	尼崎市	石灰 2010 石灰 1505	36	18	44	180	46.4	2.69	2.83	0.43	石灰砕砂 砕砂	3.03 2.82	20	N	高性能AE減水剤	120
40	AN 集合住宅	2007	尼崎市	石灰 2010 石灰 1505	39	21	41	185	48.3	2.63	2.84	0.21	石灰砕砂 砕砂	3.03 2.82	20	N	高性能AE減水剤	820
41	AO 街区	2007	大阪市	石灰 2010 石灰 1505	36	21	44	185	49.5	2.68	2.84	0.55	石灰砕砂 砕砂	3.03 2.82	20	N	高性能AE減水剤	60
42	AP	2006	尼崎市	石灰 2010 石灰 1505	36	15	44	175	45.3	2.66	2.83	0.50	石灰砕砂 砕砂	3.03 2.82	20	N	高性能AE減水剤	50
43	AQ	2005	西宮市	石灰 2010 石灰 1505	36	18	44	180	46.4	2.74	2.82	0.90	石灰砕砂 砕砂	3.01 2.80	20	N	高性能AE減水剤	300
44	AR	2005	西宮市	石灰 2010 石灰 1505	36	18	44	185	46.4	2.62	2.81	1.02	石灰砕砂 砕砂	3.01 2.80	20	N	高性能AE減水剤	300
45	AS	2005	西宮市	石灰 2010 石灰 1505	36	21	44	185	49.5	2.62	2.81	1.02	石灰砕砂 砕砂	3.01 2.80	20	N	高性能AE減水剤	200
46	AT 病院新築工事	2011	岸和田市	砕石 2005	40	18	40	180	44.1	2.56	2.79	1.04	海砂 砕砂	2.55 2.95	40	N	高性能AE減水剤	4 000
47	AU 警察学校	2011	泉佐野市	砕石 2005	33	18	47	180	46.5	2.55	2.75	0.65	海砂 砕砂	2.55 2.95	40	N	高性能AE減水剤	(1 000)
48	AV	2011	大阪府泉北郡忠岡	砕石 2005	24	12	55	170	46.1	2.55	2.75	0.65	海砂 砕砂	2.55 2.95	40	N	高性能AE減水剤	(17 000)
																全量合計		77 008
																36N 以上		52 208

近畿地区レディーミクストコンクリート合計

6. 高炉スラグ細骨材を使用したコンクリートの適用事例　—157—

表 6.13　高炉スラグ細骨材を使用したコンクリートの施工例（中国地区 1/2）

No.	構造物の名称	施工年次	所在地	粗骨材の種類	呼び強度 指定強度	スランプ (cm)	W/C (%)	W (kg/m³)	S/a (%)	高炉スラグ細骨材の品質 粗粒率	絶乾密度 (g/cm³)	吸水率 (%)	混合した細骨材 種類	粗粒率	高炉スラグ細骨材混合率 (%)	セメントの種類	混和剤の種類	コンクリート施工量 (m³)
1	A 4階	2006	福山市	砕石2005	40	15	37	175	42.9	2.55	2.74	0.68	砕砂 石灰砕砂	2.75	40	N	高性能 AE減水剤	2 000
2	A 5階	2006	福山市	砕石2005	40	18	37	175	42.9	2.55	2.74	0.68	砕砂 石灰砕砂	2.75	40	N	高性能 AE減水剤	2 000
3	A 6階	2006	福山市	砕石2005	40	18	37	175	42.9	2.55	2.74	0.68	砕砂 石灰砕砂	2.75	40	N	高性能 AE減水剤	2 000
4	B商業屋内運動場	2007	福山市	砕石2005	24	15	55	182	49.3	2.54	2.74	0.72	砕砂 石灰砕砂	2.75	40	N	高性能 AE減水剤	(1 000)
5	Cポンプ場築造工事	2007	福山市	砕石2005	24	12	55	172	49.8	2.54	2.74	0.72	砕砂 石灰砕砂	2.75	40	BB	高性能 AE減水剤	(3 000)
6	D中央図書館建設工事	2007	福山市	砕石2005	27	18	50	180	49.9	2.54	2.74	0.72	砕砂 石灰砕砂	2.75	40	N	高性能 AE減水剤	(7 000)
7	E循環器病院移転工事	2007	福山市	砕石2005	30	15	47	184	46.1	2.54	2.74	0.72	砕砂 石灰砕砂	2.75	40	N	高性能 AE減水剤	(1 500)
				砕石2005	33	18	43	180	47.2	2.54	2.74	0.72	砕砂 石灰砕砂	2.75	40	N	高性能 AE減水剤	(3 000)
8	F店新築工事	2008	福山市	砕石2005	27	15	50	182	47.6	2.56	2.72	0.72	砕砂 石灰砕砂	2.75	40	N	高性能 AE減水剤	(1 000)
				砕石2005	30	15	46	182	44.6	2.56	2.72	0.72	砕砂 石灰砕砂	2.75	40	BB	高性能 AE減水剤	(1 500)
9	Gプロジェクト新築工事	2007	広島市	砕石2005	45	23	38	175	53	2.54	2.74	0.72	加工砂	—	60	N	高性能 AE減水剤	115
				砕石2005	48	70-50*	36	175	52	2.54	2.74	0.72	加工砂	—	60	L	高性能 AE減水剤	693
				砕石2005	60	70-50*	30	175	48	2.54	2.74	0.72	加工砂	—	60	L	高性能 AE減水剤	375
				砕石2005	54	70-50*	32	175	50	2.54	2.74	0.72	加工砂	—	60	L	高性能 AE減水剤	293
				砕石2005	42	70-50*	41	175	54	2.54	2.74	0.72	加工砂	—	60	N	高性能 AE減水剤	42
				砕石2005	42	23	41	175	54	2.54	2.74	0.72	加工砂	—	60	N	高性能 AE減水剤	400
				砕石2005	45				53	2.54	2.74	0.72	加工砂	—	60	N	高性能 AE減水剤	86
				砕石2005	42		41	175	54	2.54	2.74	0.72	加工砂	—	60	N	高性能 AE減水剤	127
10	H光南町	2007	福山市	砕石2005	33	15	43	185	42.8	2.54	2.74	0.72	砕砂 石灰砕砂	2.75	40	BB	高性能 AE減水剤	(1 000)

[注] *スランプフロー（cm）

付録Ⅱ 高炉スラグ細骨材に関する技術資料

表 6.14 高炉スラグ細骨材を使用したコンクリートの施工例（中国地区 2/2）

No.	構造物の名称	施工年次	所在地	粗骨材の種類	呼び強度 指定強度	調合 スランプ (cm)	調合 W/C (%)	調合 W (kg/m³)	調合 S/a (%)	高炉スラグ細骨材 粗粒率	高炉スラグ細骨材の品質 絶乾密度 (g/cm³)	高炉スラグ細骨材の品質 吸水率 (%)	混合した細骨材 種類	混合した細骨材 粗粒率	高炉スラグ細骨材混合率 (%)	セメントの種類	混和剤の種類	コンクリート施工量 (m³)
11	I市地域優良賃貸工事	2008	福山市	砕石2005	36	18	41	180	46.6	2.56	2.72	0.72	砕砂 石灰砕砂	2.75	40	N	高性能AE減水剤	1 000
12	JシティJ駅前	2007〜2008	呉市	砕石2005	54	70-60*	32	175	50	2.56	2.72	0.72	加工砂	—	60	N	高性能AE減水剤	46
				砕石2005	45	21	38	175	53	2.56	2.72	0.72	加工砂	—	60	N	高性能AE減水剤	152
				砕石2005	45	23	38	175	53	2.56	2.72	0.72	加工砂	—	60	N	高性能AE減水剤	1 434
				砕石2005	42	23	41	175	54	2.56	2.72	0.72	加工砂	—	60	N	高性能AE減水剤	1 903
13	Kホテル	2009〜2010	呉市	砕石2005	48	21	36	175	52	2.54	2.74	0.72	加工砂	—	60	N	高性能AE減水剤	86
				砕石2005	42	21	41	175	54	2.54	2.74	0.72	加工砂	—	60	N	高性能AE減水剤	108
14	L消防署	2008	広島市	砕石2005	45	70-60*	38	175	53	2.56	2.72	0.72	加工砂	—	60	N	高性能AE減水剤	16
15	Mエイテック	2011	広島市	砕石2005	48	70-60*	36	175	52	2.53	2.71	0.78	加工砂	—	60	N	高性能AE減水剤	15
															中国地区合計		全量合計	31 891
																	36N以上	12 891

[注] *スランプフロー (cm)

表 6.15 高炉スラグ細骨材を使用したコンクリートの施工例（四国地区）

No.	構造物の名称	施工年次	所在地	粗骨材の種類	呼び強度	調合 スランプ (cm)	調合 W/C (%)	調合 W (kg/m³)	調合 S/a (%)	高炉スラグ細骨材 粗粒率	高炉スラグ細骨材の品質 絶乾密度 (g/cm³)	高炉スラグ細骨材の品質 吸水率 (%)	混合した細骨材 種類	混合した細骨材 粗粒率	高炉スラグ細骨材混合率 (%)	セメントの種類	混和剤の種類	コンクリート施工量 (m³)
1	ビジネスホテルA中央新築工事	2011	四国中央市	砕石2005	36	21	44	185	49.3	2.55	2.73	0.73	砕砂	2.75	30	N	高性能AE減水剤	160
2	B病院移転新築工事	2011	愛媛県喜多郡内子町	砕石2005	36	15	43	168	45.3	2.55	2.72	0.91	砕砂	2.79	23.5	N	高性能AE減水剤	2 130
															四国地区合計		全量合計	2 290
																	36N以上	2 290

6. 高炉スラグ細骨材を使用したコンクリートの適用事例

表 6.16 高炉スラグ細骨材を使用したコンクリートの施工例（九州地区）

No	構造物の名称	施工年次	所在地	粗骨材の種類	呼び強度	スランプ (cm)	W/C (%)	W (kg/m³)	S/a (%)	高炉スラグ細骨材の品質 粗粒率	絶乾密度 (g/cm³)	吸水率 (%)	混合した細骨材 種類	粗粒率	高炉スラグ細骨材混合率 (%)	セメントの種類	混和剤の種類	コンクリート施工量 (m³)
1	A 北九州工場3期工事	2011	北九州市	砕石2005	24	15	52	169	46.2	2.69	2.7	0.82	海砂砕砂	2.6	7	BB	AE減水剤	(1 000)
2	B センター本城	2011	北九州市	砕石2005	30	15	45	173	44.3	2.69	2.71	0.69	海砂砕砂	2.6	7	N	AE減水剤	(500)
				砕石2005	33	18	45	170	47.7	2.69	2.71	0.69	海砂砕砂	2.6	7	N	高性能AE減水剤	(500)
				砕石2005	24	15	53	171	46.3	2.69	2.71	0.69	海砂砕砂	2.6	7	N	AE減水剤	(500)
3	C 新築	2011	北九州市	砕石2005	18	18	65	179	49.9	2.69	2.71	0.69	海砂砕砂	2.6	7	N	AE減水剤	(300)
				砕石2005	21	18	58	179	48.7	2.69	2.71	0.69	海砂砕砂	2.6	7	N	AE減水剤	(300)
				砕石2005	18	18	53	181	47.7	2.69	2.71	0.69	海砂砕砂	2.6	7	N	AE減水剤	(200)
																	全量合計	3 300
														九州地区合計			36N以上	0

表 6.17 高炉スラグ細骨材を使用したコンクリートのPHCパイルへの適用例

No	構造物の名称	施工年次	所在地	粗骨材の種類	呼び強度	スランプ (cm)	W/C (%)	W (kg/m³)	S/a (%)	高炉スラグ細骨材の品質 粗粒率	絶乾密度 (g/cm³)	吸水率 (%)	混合した細骨材 種類	粗粒率	高炉スラグ細骨材混合率 (%)	セメントの種類	混和剤の種類	コンクリート施工量 (m³)
1	PHCパイル		鹿児島県吉野川市他	砕石2005	85	2±2	28	140	38	2.54	2.73	0.72	―	―	100	N	高性能減水剤	―

付録Ⅱ 高炉スラグ細骨材に関する技術資料

表 6.18 高炉スラグ細骨材を使用したコンクリートの空胴プレストレストコンクリートパネルへの適用例

No.	構造物の名称	施工年次	所在地	粗骨材の種類	設計基準強度 (N/mm²)	配合 スランプ (cm)	W/B (%)	W (kg/m³)	S/a (%)	高炉スラグ細骨材 粗粒率	絶乾密度 (g/cm³)	吸水率 (%)	混合した細骨材 種類	粗粒率	高炉スラグ細骨材混合率 (%)	セメントの種類	混和剤の種類	コンクリート施工量 (m³)
1	A 計画	2007	大阪市	6号砕石	40	0	38	175	60	2.28	2.68	0.57	砕砂	2.8	50	N	AE剤	3 184
2	B	2008	神戸市	6号砕石	40	0	38	175	60	2.28	2.68	0.72	砕砂	2.8	50	N	AE剤	670
3	C PJ	2008	大阪市	6号砕石	40	0	38	175	60	2.28	2.68	0.72	砕砂	2.8	50	N	AE剤	1096
4	D	2008	神戸市	6号砕石	40	0	38	175	60	2.28	2.68	0.72	砕砂	2.8	50	N	AE剤	1268
5	E 集合住宅	2008	神戸市	6号砕石	40	0	38	175	60	2.28	2.68	0.72	砕砂	2.8	50	N	AE剤	524
6	F 駅前住宅棟	2008	神戸市	6号砕石	40	0	38	175	60	2.28	2.68	0.72	砕砂	2.8	50	N	AE剤	4 256
7	G	2009	神戸市	6号砕石	40	0	38	175	60	2.25	2.73	0.51	砕砂	2.8	50	N	AE剤	1714
8	H マンション	2008	大津市	6号砕石	40	0	38	175	60	2.28	2.68	0.72	砕砂	2.8	50	N	AE剤	1276
9	I 計画	2008	大阪市	6号砕石	40	0	38	175	60	2.28	2.68	0.72	砕砂	2.8	50	N	AE剤	981
10	J 計画	2009	箕面市	6号砕石	40	0	38	175	60	2.25	2.73	0.51	砕砂	2.8	50	N	AE剤	1 025
11	K 棟	2009	京都市	6号砕石	40	0	38	175	60	2.25	2.73	0.51	砕砂	2.8	50	N	AE剤	1 438
12	L	2009	飯田市	6号砕石	40	0	38	175	60	2.25	2.73	0.51	砕砂	2.8	50	N	AE剤	2 960
13	M サウスタワー	2009	豊中市	6号砕石	40	0	38	175	60	2.25	2.73	0.51	砕砂	2.8	50	N	AE剤	923
14	N 空港局	2009	神戸市	6号砕石	40	0	38	175	60	2.25	2.73	0.51	砕砂	2.8	50	N	AE剤	1 356
15	O ビル	2009	大阪市	6号砕石	40	0	38	175	60	2.25	2.73	0.51	砕砂	2.8	50	N	AE剤	1 206
16	P 街区	2009	寝屋川市	6号砕石	40	0	38	175	60	2.25	2.73	0.51	砕砂	2.8	50	N	AE剤	3 080
17	Q	2009	東大阪市	6号砕石	40	0	38	175	60	2.25	2.73	0.51	砕砂	2.8	50	N	AE剤	2 649
18	R 研究新棟	2010	豊中市	6号砕石	40	0	38	175	60	2.32	2.73	0.54	砕砂	2.8	50	N	AE剤	2 082
19	S	2010	箕面市	6号砕石	40	0	38	175	60	2.32	2.73	0.54	砕砂	2.8	50	N	AE剤	1792
20	T	2010	西宮市	6号砕石	40	0	38	175	60	2.32	2.73	0.54	砕砂	2.8	50	N	AE剤	1 032
21	U 再開発	2010	大阪市	6号砕石	40	0	38	175	60	2.32	2.73	0.54	砕砂	2.8	50	N	AE剤	1 674
22	V 再開発	2010	和泉市	6号砕石	40	0	38	175	60	2.32	2.73	0.54	砕砂	2.8	50	N	AE剤	1 103
23	W	2010	大阪市	6号砕石	40	0	38	175	60	2.32	2.73	0.54	砕砂	2.8	50	N	AE剤	850
24	X	2010	守口市	6号砕石	40	0	38	175	60	2.32	2.73	0.54	砕砂	2.8	50	N	AE剤	864
25	Y マンション	2010	豊中市	6号砕石	40	0	38	175	60	2.32	2.73	0.54	砕砂	2.8	50	N	AE剤	3 439
													空胴プレストレストコンクリート合計				全量合計	42 442
																	36N 以上	42 442

高炉スラグ細骨材を使用するコンクリートの
調合設計・施工指針・同解説

1983年 1月25日　第1版第1刷
2013年 2月15日　第2版第1刷

編　集　
著作人　一般社団法人　日本建築学会
印刷所　株式会社　東　京　印　刷
発行所　一般社団法人　日本建築学会
　　　　108-8414　東京都港区芝5-26-20
　　　　　　　電　話・(03)3456-2051
　　　　　　　FAX・(03)3456-2058
　　　　　　　http://www.aij.or.jp/

発売所　丸善出版株式会社
　　　　101-0051　東京都千代田区神田神保町2-17
　　　　　　　　　神田神保町ビル
　　　　　　　電　話・(03)3512-3256

Ⓒ 日本建築学会 2013

ISBN978-4-8189-1066-9　C3052